本学术著作获江西理工大学优秀著作出版基金资助
获江西省环境岩土与工程灾害控制重点实验室资助

植被—边坡系统稳定性分析方法

邓通发　桂　勇　罗嗣海　著

U0300569

中国建筑工业出版社

图书在版编目（CIP）数据

植被—边坡系统稳定性分析方法 / 邓通发，桂勇，罗嗣海
著. —北京：中国建筑工业出版社，2016.2
ISBN 978-7-112-18741-6

Ⅰ. ①植…　Ⅱ. ①邓…②桂…③罗…　Ⅲ. ①植被—关
系—边坡稳定性—稳定分析　Ⅳ. ①TU457

中国版本图书馆 CIP 数据核字（2015）第 278282 号

本书是作者从事相关课题研究的成果总结。全书 11 章，主要介绍针对植被—
边坡系统稳定性方面的相关问题，采用室内试验、模型试验、理论分析和数值模拟
等方法，对根系土抗剪强度、根系土渗透性能、植被边坡降雨入渗规律、边坡整体
稳定性、边坡浅层稳定性、边坡长期稳定性以及边坡稳定二元指标评价体系等方面
进行的研究及取得的成果。本书可供岩土工程设计和施工相关专业人员参考，也可
作为大中专院校和科研人员的参考用书。

责任编辑：刘　江　范业庶　杨　杰
责任设计：董建平
责任校对：刘　钰　张　颖

植被—边坡系统稳定性分析方法
邓通发　桂　勇　罗嗣海　著

*
中国建筑工业出版社出版、发行（北京西郊百万庄）
各地新华书店、建筑书店经销
北京红光制版公司制版
廊坊市海涛印刷有限公司印刷
*
开本：787×1092 毫米　1/16　印张：10　字数：300 千字
2015 年 12 月第一版　　2015 年 12 月第一次印刷
定价：**30.00** 元
ISBN 978-7-112-18741-6
（28032）

前　　言

传统的工程护坡技术大多采用砌石及混凝土等灰色防护，破坏了原有植被，对生态造成了永久性破坏，生态防护技术充分利用植物自身特点并结合必要的工程防护，能够起到工程建设与环境保护兼顾的目的。在越来越重视环境保护和生活质量的今天，生态防护已成了公路边坡防护的一种趋势，代表着边坡防护的发展方向。

然而，目前对于生态防护技术的研究主要集中在施工工艺及水土保持效果等"绿化"方面上，而对于植被护坡机理和植被—边坡系统稳定性缺乏相关的设计理论和分析方法的指导，在植被对边坡稳定性的影响上缺乏统一的认识，理论远远落后于防护技术应用的发展，大大制约了生态防护技术在边坡工程中的应用。

植被—边坡系统是一个复杂的动态系统，植被根系对边坡土质的影响效应是多方面的，并且在不同的气候条件以及植被生长的不同阶段，这种影响效应也是不同的。作者基于理论创新和工程实用的目地，采用室内试验、模型试验、简化理论和数值分析等方法，系统地研究了边坡生态防护的力学效应、水文效应、稳定性影响因素以及稳定性分析方法，取得了一些成果。

全书共分 11 章：

第 1 章介绍了生态边坡研究现状与存在的问题。简单介绍了生态边坡的类型与发展情况，重点从生态边坡护坡机理及边坡稳定性分析两方面进行了综述，指出目前生态边坡研究中存在的问题和不足。

第 2 章介绍了根系土抗剪强度室内试验研究成果。在总结植被根系护坡力学效应理论研究的基础上，开展根系土抗剪强度室内试验，分析了含水率、含根量及根系形态等因素对根系土抗剪强度的影响规律，并拟合了根系加筋效应公式。

第 3 章介绍了根系土渗透性能室内试验研究成果。在总结植被对边坡产生的水文效应的基础上，开展了根系土渗透性能室内试验，分析了含根量与根系形态等因素对根系土渗透性能的影响规律。

第 4、5 章介绍了植被—边坡系统降雨模型试验研究成果。在总结前人边坡模型试验的基础上，设计一套高效合理的生态边坡室内模型试验装置，开展了降雨条件下生态边坡渗流规律的对比试验，从湿润锋和含水率等指标分析了生态边坡降雨入渗的规律。

第 6 章介绍了植被—边坡系统的整体稳定性研究成果。基于极限平衡理论和非饱和土抗剪强度理论，采用数值分析的方法，分析了植被根系力学效应、水文效应及土水曲线等因素对植被—边坡系统的整体稳定性的影响规律。

第 7 章介绍了植被—边坡系统的浅层稳定性研究成果。在分析边坡浅层失稳模式的基础上，基于简化理论分析方法，分情况推导了植被—边坡系统浅层稳定计算公式，并进行了算例验证。

第 8 章介绍了植被—边坡系统的长期稳定性研究成果。基于非饱和渗流理论、根系固土机理和非饱和土抗剪强度理论，考虑降雨、植物截留、坡面蒸发和植物蒸腾等气候—植物综合因素，采用数值分析方法，研究植被生长不同阶段下边坡的长期稳定性。

第 9 章介绍了生态边坡稳定可靠度初步研究成果。在分析土质参数统计特性的基础上，利用极限平衡理论和蒙特卡罗模拟法，系统地分析了土质强度参数的均值不定性、变异性、相关性、区间特性和空间变化性等统计特性对边坡稳定可靠性的影响。

第 10 章介绍了边坡稳定二元评价指标体系研究成果。综合极限平衡法和可靠度理论，考虑边坡材料指标的区间分布及实际边坡工程中稳定边坡的安全系数不能小于其临界值的特点，提出了一种更加符合工程实际的边坡稳定随机二元评价体系，同时选取蒙特卡罗模拟法，将该二元评价体系融入 GeoStudio 软件，借助 GeoStudio 软件强大的计算能力，形成一套完整而高效的边坡稳定性分析方法。

本书主要基于作者课题组承担的江西省交通厅科技重点项目"生态护坡浅层稳定性及对整体稳定性效应的研究与实践"（2012C0003）取得的部分研究成果撰写而成。研究工作得到了江西省交通厅、赣州高速公路有限责任公司的科技基金资助。本书的出版得到江西理工大学优秀学术著作出版基金、江西省环境岩土与工程灾害控制重点实验室的资助。

感谢江西省交通厅、赣州高速公路有限责任公司、江西理工大学、江西省环境岩土与工程灾害控制重点实验室的经费支持。作者的研究生刘小燕、李辉、钟贞明，赣州高速公路有限责任公司周军平参与了部分研究工作。作者的研究还多处引用了前人的研究成果，对他们的劳动、支持和帮助，作者一并表示感谢。

限于作者的水平和认识，书中肯定存在不足乃至错误之处，敬请同行专家和读者批评指正。

目　　录

第1章 绪 论

生态建设和环境保护是 21 世纪人类共同关注的热门话题,随着国民经济的发展,大规模的资源开发和基础建设产生了大量的人工边坡,造成了严重的水土流失和土地沙化,形成了大量的裸露边坡。传统的工程护坡技术大多采用砌石及混凝土等灰色防护,破坏了原有植被,对生态造成了永久性破坏[1]。生态防护技术是随着世界范围内高速公路建设而兴起的一门工程技术。与传统的工程防护技术不同,生态防护技术充分利用植物自身特点并结合必要的工程防护起到工程建设与环境保护兼顾的目的。在越来越重视环境保护和生活质量的今天,生态防护已成了公路边坡防护的一种趋势,代表着边坡防护的发展方向。

生态防护是一门涉及土壤学、肥料学、植物学、园艺学、环境生态学和岩土工程力学等多学科的综合环保技术。20 世纪 90 年代以前,多采用播草种、铺草皮、砌石骨架植草及蜂巢式网格植草等形式,随着土工材料植草护坡技术的引进和新型植被护坡技术的开发,客土喷播技术、土工网垫植草护坡、土工格室植草护坡、香根草技术(VGT)及加劲纤维毯等护坡技术在边坡工程中陆续获得应用,形成了适用于不同岩(土)质边坡的多种防护技术。

1.1 生态护坡的实践应用现状

边坡生态防护工程是一门非常年轻的学科,它真正形成一门学科,还是近十几年的事,而且直至今日甚至连一个很贴切的术语都还没有形成,国外称 Biotechnique,Soil Bioengineering,Vegetation 或 Revegetation 等,国内也有称植被护坡、植物固坡、坡面生态工程等。在国际上专门以植被护坡为主题的首次国际会议于 1994 年 9 月在牛津举行。国外一般把植被护坡定义为:"用活的植物、单独用植物或者植物与土木工程和非生命的植物材料相结合,以减轻坡面的不稳定性和侵蚀。"生态防护技术的应用历史久远,最初植被护坡主要用于河堤的护岩及荒山的治理,直到 20 世纪初才被人们重新发现和认识[2-5]。

植物防护边坡的实践在欧美国家历史久远。在中世纪,法国、瑞士的运河岸就采用栽植柳树的方法来防护。美国等发达国家从 20 世纪 30~40 年代就意识到了保护生态平衡的重要性,开始在公路边坡开展植被恢复工作。例如,MoosrihR. H. 和 Harsrinoc. M. 早在 1943 年和 1944 年就进行了公路两侧草皮种植的试验,通过不同播种时间、不同草种及草种组合的小区试验来探讨建立草皮的方法。50 年代后,随着公路的大量兴建,公路建设对环境的影响越来越受到社会的关注,为此,美国制定法律要求新建公路必须进行绿化,机械化施工的喷播技术应运而生。1953 年,Finn 公司首先开发出了喷播机。从 60 年代开始,美、德、法等发达国家开始大规模修建高速公路,喷播技术等绿化新技术在稳定边坡、防止土壤侵蚀和恢复植被等方面得到了广泛应用。日本提出了功能栽植的概念,对于

1

公路绿化起到了重要作用。70~80 年代，由于公路植被的大量建植，如何管理和养护这些植被成为重要课题，许多人对化学除草剂和生长抑制剂进行了研究（Djkcnes R.，1986，McElroyM. T.，1984）。日本的边坡绿化起步较早，他们的生态防护几乎与公路建设同步发展，迄今已有半个多世纪的历史，期间经历无数的变化。1951 年，川端勇作开发了采用外来草种的植生盘用于道路坡面，标志着以牧草为代表的外来草种开始用于坡面绿化。1958 年，日本京都大学农学部开发了喷射种子法；1960 年从美国进口喷射专用纤维，1965 年即实现了喷射纤维的国产化。1973 年开发出的纤维土绿化工法（Fiber-Soil Greening Method）标志着岩体绿化工程的开始，此法至今仍在应用。1983 年，开发出高次团粒 SF 绿化工法（Soil Flockoreening Method）。1957 年 6 月，日本从法国引进连续纤维加筋土工法，随后把它与已有的坡面绿化工法结合在一起，开发出连续纤维绿化工法（TC 绿化工法）[6]。

我国有记载的植被防护应用出现在 1591 年的明代，通过栽植柳树来加固与保护河岸。在 17 世纪，植被防护开始应用于保护黄河河岸。由于以往公路等级较低，国内在植被防护技术应用方面的研究起步较晚，直到 20 世纪 90 年代，随着高等级公路建设的发展和对于环境问题认识的提高，才开始开展系统的防护研究。1996 年，云南省昆明—曲靖高速公路全线路堑、路堤、中央分隔带和立交区等进行了全面防护和绿化，并首次采用瑞士湿法喷播技术进行大规模的植被种植，为我国公路绿化技术的提高做出了有益的尝试。1996 年 10 月交通部在昆明举办的"全国交通环保培训班"，对公路绿化尤其是喷播技术的宣传和推广起到了积极的推动作用。近几年我国公路防护技术有了长足的进步，喷播技术等新技术已经在公路绿化中得到了广泛应用[7]。

20 世纪 90 年代以前，一般多采用撒草种、穴播或沟播、铺草皮、片石骨架植草、空心六棱砖植草等护坡方法。1989 年，广东省从香港引进 1 台喷播机，开始在华南地区进行液压喷播试验。1990~1991 年，中国黄土高原治山技术培训中心与日本合作在黄土高原首次进行了坡面喷涂绿化技术（即液压喷播）试验研究。此后，经过十年左右的发展完善，液压喷播技术已广泛应用于我国不同地区的公路、铁路及堤坝等工程的边坡防护中。1993 年，我国引进土工材料植草护坡技术，随后土木工程界与塑料制品生产厂家合作，开发研制出了各式各样的土木材料产品，如三维植被网、土工格栅、土工网、土工格室等，结合植草技术在铁路、公路、水利等工程的边坡中陆续获得应用。

经过多年的发展，目前植被护坡方式一般有：厚层客土种子喷播技术、生态混凝土基材喷播技术、挂网植草护坡技术、植生带育种护坡技术、铺草皮护坡技术、液压喷播植草护坡技术、干砌片石或浆砌片石方格或拱形骨架内植草护坡技术、预制混凝土框格内植草护坡技术、三维植被网护坡技术、土工格室植草护坡技术、香根草篱笆护坡技术、马道植草护坡技术、藤蔓植物护坡技术等。其中，厚层客土种子喷播技术，是指借助于机器把泥炭、草纤维、木纤维、谷壳、秸秆、木屑、矿物、肥料、保水剂、黏合剂及部分自然土等组成的人工土壤喷播吹附到坡面上，作为基层供植物根系固着、提供植物营养。挂网植草护坡属于土工材料联合植被护坡技术，是利用土工合成材料网与坡土接触面的摩擦作用，将网垫、植被根系和坡土牢固地结合在一起，形成一层坚固的绿色防护层，防止雨水冲蚀、边坡溜塌和滑坡。坡面绿化基础工程联合植被护坡技术一般有：坡底挡墙上方土坡植被防护技术、在坡面架设钢木结构或混凝土框架并在框后坡土中扦插植被做成绿色挡墙的护坡技术及复合土工材料网室植被防护土坡技术等。其中，坡底挡墙上方土坡植被防护技术适用于一般坡度到较陡边坡，坡高可大可小，能防治水土流失，挖方边坡可以采用。复合土工材料网室植被防护土坡技术适用于一般坡度到较陡边坡，坡高可大可小，可防护一定深度的土层，能防治水土流失，填方边坡可以采用，能控制中等深度土层滑移。

目前，我国公路边坡生态防护用植物多采用草本植物，这是因为草本植物种植方法简单、费用低廉，早期生长快，对防止初期土壤的侵蚀效果较好。但是，草本植物与灌木相比则具有根系较浅、抗拉强度较小、固坡效果较差、需要持续性的管理措施等缺点，在雨季高陡边坡时常会出现草皮层和基层的剥落。因此，单纯的草本植物用作公路边坡的护坡植被并不理想。草本植物和灌木植被在地面以下 0.5～1.5m 处有明显的固土作用，乔木植物根系的固土作用可达 3m 甚至更深，但是乔木的重力和所承受的风力会提高坡面荷载，造成坡面的不稳定和破坏。灌木作为护坡植物的主要缺点是成本高、早期生长慢、植被覆盖度低、对早期的坡土侵蚀防护效果不佳。但是可以通过灌木与草本植物混播，发挥二者的优点，让草本植物充当先锋植物，尽快达到绿化效果并能有效抵抗雨水冲蚀，后期则由灌木发挥固土护坡作用。

1.2 生态边坡的护坡机理研究现状

植被—边坡系统是一个复杂的动态系统，植被对边坡系统的影响是多方面的，一般认为可分为力学效应、水文效应和生物效应三种类型，详见表 1-1。一般认为植物浅根的加筋作用、侧根的牵引作用及根系与土的胶结作用等能显著提高含根土层的抗剪强度[8-13]，主根的锚固作用类似于锚杆或者抗滑桩的效果，边坡植被通过林冠截留、根系吸水和叶片蒸腾等作用，能有效地降低土壤中的含水量和坡体土体的孔隙水压力，这些因素均有利于提高边坡的稳定性[14-18]；植物根系由于生长的需要及入渗和蒸发反复交替进行会增加土体孔隙率和入渗能力，同时植物传递的风荷载将不利于边坡的稳定[19]。对于植被重力的影响，要根据边坡的具体情况而定，其中，边坡的坡度、内摩擦角及潜在滑动面的形状和位置等因素都会改变植被重力的作用性质。因此，需要具体问题具体分析。张永兴[20]等通过边坡支护设计验算法及 FLAC 数值模拟法，结合具体工程，研究了绿化荷载作用对边坡整体稳定性的影响，结果表明绿化荷载对边坡的稳定性影响甚微（安全系数下降最大值不到 6%），只要施工顺序得当可以保证边坡安全。

植物作用因素分类及对边坡稳定性的影响[9、21] 表 1-1

作用因素大类	作用因素小类	对边坡稳定性影响
力学效应	1. 浅根的加筋作用和侧根的牵引作用	有利
	2. 主根的锚固作用	有利
	3. 植物重力荷载，产生沿滑坡面切向/法向分力	不利/有利
	4. 植被传递风荷载至土体	不利

续表

作用因素大类	作用因素小类	对边坡稳定性影响
水文效应	5. 植物截留，减少降雨入渗量	有利
	6. 根系使含根土层渗透性能增加	不利
	7. 根系吸水和植物蒸腾降低土体孔隙水压力	有利
	8. 入渗和蒸发反复进行会增加土体孔隙和入渗能力	不利
	9. 植被可延缓土体被雨水冲蚀	有利
生物效应	10. 根系与土壤接触发生有机物质的胶结作用，能提高根土界面的摩擦作用和土体的黏聚力	有利
	11. 根系分泌物对土壤黏粒矿物的生物化学作用，可提高土体黏聚力及根—土界面摩擦力	有利

1.2.1 根—土复合体的力学性能

1. 根—土复合体的相互作用机理

杨亚川[22]将植物的根系和土壤从宏观上视为一个整体，从而提出"根—土复合体"的概念。对于根—土复合体的相互作用机理，一般认为根系抗拉强度大于土体，在边坡滑动等土体加载过程中，土体中的剪应力通过根—土相互作用，逐渐转变为根系的拉应力，因此使得土体的抗剪强度增加了。如果继续加载，根要么被拔出，要么被拉断[23]，这取决于根的几何和力学特征。可见根系抗拉力和根—土界面摩擦力是影响根—土复合体的相互作用的主要因素，学者一般采用根系拉拔原位试验和室内试验来进行研究。

Hamza[24]等在野外和室内试验中观察到根拔出时力—位移曲线为非线性关系，如图1-1所示[25]。Schwarz等[26]通过根系拉拔试验，发现根长、根弯曲、根分支点（侧根的直径大于0.5mm）是影响根系拔出力的关键参数，其中，分支点增大拔出力的作用非常明显，因为沿根分支锚固长度上的根的抗拉强度也被调动起来。在根系拉拔过程中，根—土界面的摩擦作用由根拉伸阶段的静摩擦作业逐渐向根滑动阶段的动摩擦作业转变。Schwarz等[25]把根—土界面的摩擦作用分为根—土界面间的摩擦和根系分支点的摩擦两大部分，并得出根—土界面静摩擦力：$\tau_d = c' + \sigma' \tan\varphi$，总拔出力为：$F_{all} = \pi d_0 b \tau_d + \Sigma f_i$，

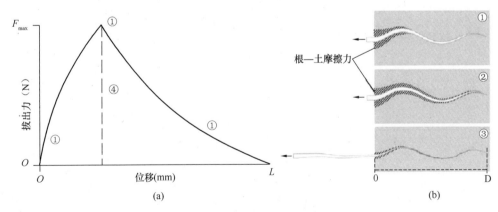

图1-1 根系力—位移关系（拔出）

（a）力—位移关系曲线；（b）根的拔出阶段

其中，d_0 为根尾 0 段的直径，f_i 为第 i 段根上的界面摩擦与分支点 i 的摩擦力之和。

国内学者研究表明，植被根系的抗拉力与根径成指数函数或幂函数变化关系，但这种回归关系因植被种类的不同而呈现较大差异，这与根系的种类、生长方位、生长条件和组织结构有关。同时，植被根系的表面积是影响根系抗拉阻力的重要因素，一般而言，表面积与抗拉力成正相关关系。因此，在根径相同的情况下，具有发达须根的根系由于增大了根系与土壤的接触面积和摩阻力，可获得比主直根系更大的抗拉强度。

2. 根—土复合体的增强理论

根据根—土复合体的相互作用机理，国内外学者对根—土复合体的增强理论模型进行了大量研究，取得了丰硕的成果。20 世纪 70 年代，Wu[30] 和 Waldron[31] 基于摩尔—库伦强度理论提出了加筋土理论，建立了根增强土的先驱模型。该模型假定当含根土体受到剪切时，穿过剪切面的全部根系在同一时刻全部达到其抗拉强度，即根系同时被拉断，显然这一假设与实际情况不符[32]，会使凝聚力计算值偏高。Pollen[33] 等基于试验结果，修正了 Wu-Waldron 增强模型，建立了一种动态纤维束模型（FBM）来考虑土体在剪切过程中根系逐渐断裂的行为。该模型在根束中考虑了荷载相等均分的分配标准，因而可以准确地模拟"根—土复合体"的受力破坏特征，但由于没有考虑土变形及根的几何、力学性质对根渐进破坏特征的影响，且使用应力控制加载，不能得到完整的力—位移关系曲线，不利于评价残余强度。Schwarz 等[25、26] 修正了上述缺陷，提出了以位移控制加载过程的根束模型（RBM）。该模型综合考虑了根系的直径、抗拉强度、弯曲情况、根系长度、分支点、土体含水量及根—土间的摩擦作用等诸多因素的影响，得到了包括达到荷载峰值后根残余拉力在内完整的力—位移关系曲线。

3. 根—土复合体的增强效果

根—土复合体的增强效果主要表现在对土的抗剪强度的提高上，许多学者采用剪切试验或三轴试验进行研究，取得了丰富的成果。俞晓丽[34]、刘怀星[35]、杨璞[36] 等通过室内三轴试验考察了不同根系含量和不同加筋方式对根—土复合体抗剪强度指标的变化规律，结果表明根系可提高土体抗剪强度，具体表现为黏聚力 c 值明显增大，而内摩擦角 φ 值变化幅度很小。余芹芹等[37] 通过室内三轴试验发现灌草混种较单一种植灌木或草本植物对提高土体抗剪强度效果更好。周政[38]、胡其志[39] 研究了不同植被根系和不同含根量对根—土复合体抗剪强度的影响，进一步验证了植被根系对根—土复合体的抗剪强度具有促进作用，且抗剪强度随含根量的增大而增加。刘纪峰[40]、胡文利等[41] 探究了含水率对根—土复合体的抗剪强度的影响，表明抗剪强度与含水率呈现负相关的关系。江峰等[42] 采用直剪试验，发现直根和斜根均能够提高根—土复合体的抗剪强度，而且抗剪强度都随根条数的增加而增大，只是斜根的加强效应稍大一些。邓卫东[43]、石明强[44] 等通过剪切试验研究了不同根系方向固土护坡的效果，发现固土效果排序为：复合根系＞垂直根系＞水平根系。夏振尧[45]、黄晓乐等[46] 将根系分形维数与根—土复合体的增强效果联系起来，通过室内试验，得出土层黏聚力增加值与土层内根系分形维数存在显著正相关关系的结论。刘川顺[47] 等通过剪切试验，建立了灌木加固黄土的非饱和根—土复合体抗剪强度模型，得到非饱和根—土复合体黏聚力 c 为体积含水率 θ 和根系密度 β 的函数，其回归关系式为：$c = 394.73\exp(-0.829\theta) + 2.13\beta^{1.07}$。

1.2.2　植被—气候的水文效应

学者们对于生态护坡的水文效应，主要从植物的降雨截留作用、减小地表径流、降低孔隙水压力及抗侵蚀等方面做了大量的研究。雨水滴落到坡面植被上，其中有一部分未下渗至土壤内，而是暂时被植被茎叶吸收并暂时储存，之后待蒸发返回到空气中，这部分被植被茎叶截留的水量可以减小雨水对坡面的冲蚀，延缓滑坡。仪垂祥、赵鸿雁等通过试验研究，分别建立了植被截留量公式及林冠截留量动态模型，可见植被截留量与植被覆盖度、叶面积指数和降雨量有关[48,49]；陈廉杰对林冠截留与覆盖度的研究，发现截留量与覆盖度正相关；卢洪健通过野外模拟降雨试验，得出截留率受降雨量影响显著，雨强对截留率影响不明显的结论[50]；薛建辉[51]通过试验测得高山栎林、岷江冷杉林和灌竹林分别可平均截留 35.77％、45.47％和 46.55％的降雨量；地表枯落物最大可截持自身 1.7～3.5 倍重量的水分，能有效截留降雨[52]；卓丽[53]等人采用吸水法测定草坪型结缕草的截留特性，结果表明：结缕草叶片的截留量在 0.61～1.05mm 之间，平均截留 0.83mm 水量。于露[54]等人利用浸水试验，对高羊茅、早熟禾和结缕草叶片的最大吸水率进行研究，结果表明：其最大吸水量分别为其干质量的 0.41、0.62 和 0.52。以上对植被截留作用的研究可见，截留作用对保护边坡表层土壤有重要的意义。

草本植物茎叶生长茂密，覆盖度大，可有效削弱径流和冲刷能，进而减轻降雨对土体的冲蚀，减小地表径流，控制水土流失。侍倩[55]建立了倾斜边坡抗侵蚀安全系数的估算公式，从而可以定量计算植被减小的侵蚀量；刘窑军[56]通过对不同组合的边坡防护方式进行室外试验，研究降雨及植被防护对边坡侵蚀的影响，结果表明：梯坎与草灌结合的防护形式抗侵蚀能力最强，可达 72.3％和 80.2％的截留率和阻沙效率；田国行等研究得出，粉砂土边坡生态防护植被中，高羊茅、紫花苜蓿、狗牙根、紫穗槐和小叶扶芳藤削减降雨侵蚀率分别可达 96.1％、94.7％、94.6％、93.8％和 83.2％[57]；植物可以减弱雨滴对土颗粒的击打，殷晖等通过观测发现，雨强较小时，林冠截留作用使得雨水汇集，从而增加降雨落地时的动能，有时可以达到林外的 2 倍以上[58]。雨水冲刷和地表径流是导致路基边坡失稳的一项关键的控制因素，通过前人研究可见：植被能明显减弱降雨对边坡的侵蚀，利于边坡的稳定。

在植物根系土增强土壤抗侵蚀力方面，朱显谟在 1960 年就提出，最有效和最根本的保持水土的方法就是生物措施[59]。吴钦孝和李勇通过试验发现，草本植物的茎叶在一定程度上减少土壤流失，但决定削减土壤的冲刷量取决于根系[60]；曾信波[61]在研究根系紫色土的抗冲性能时，认为植物根系提高土壤的抗侵蚀性能与根系密度相关，土壤流失量与根系含根量负相关；卓慕宁等[62]对植草边坡进行观测试验，结果表明：草本植被能明显控制坡面沟蚀，在中到暴雨的情况下，植草边坡可平均减少 98.94％的径流量，大大降低了土壤流失量；李勇指出，根系提高土壤抗蚀性关键是由根径小于 1mm 的须根决定的[63,64]；吴彦[65,66]及刘国彬[27]提出，直径小于 1mm 的须根根系能够增加土壤水稳性团体的数目，有助于土壤结构稳定性的改进和渗透性增强，从而间接强化土壤的抗侵蚀力；李雄威以膨胀土为研究对象，通过原位渗透试验，证实了植物根系可增强土壤的渗透性[67]。

1.3　生态边坡稳定性分析研究现状

根据开挖边坡及植被防护的类型，可将植被—边坡系统分成五大类，见表 1-2。各种类型的植被—边坡系统稳定性分析如下。

植被—边坡系统类型[4]

表 1-2

边坡类型	边坡特性	植被护坡作用	举　例
A	基岩完整，覆土层薄，根系不能进入岩体	植被固坡作用小，土层与基岩界面为薄弱面	新开挖的完整岩石边坡上进行喷射植被混凝土绿化
B	近似于类型 A，但基岩破碎，根系可以深入基岩裂隙	植被对边坡稳定起很大作用	在破碎岩石边坡上进行喷射植被混凝土绿化
C	覆土层较厚，在表层土壤和基岩间具有过渡层，其强度随深度增加而增加，根系伸入到过渡层	植被对边坡稳定起很大作用	自然边坡中常见
D	覆土层很厚，超过根系长度，植被可影响土层水文状态，但不能伸至深部可能滑移面	植被固坡力学效应有限，水文效应值得考虑	黄土边坡
E	植被结合必要的工程防护的形式	初期工程防护起主要作用，植被长成后变成植被与工程防护共同作用	土工格室植草护坡

1.3.1　A 类植被—边坡系统及稳定分析

　　类型 A 植被—边坡系统基岩完整，覆土层薄，根系不能进入岩体，土层与基岩的界面为薄弱面，植物固坡作用不大，因此，边坡的浅层稳定及客土稳定是需要关注的重点。

　　罗阳明[68]针对边坡工程局部溜塌的失稳状态，分析了主动 SNS 与植被共同作用下浅层边坡的稳定性，如图 1-2 所示。坡体沿 a、b、c 三段边界发生塌滑，通过分别计算各段的自重重力，可计算出相应的下滑力和抗滑力，边坡的安全系数即由总抗滑力除以总下滑力得到。

　　如果边坡浅层失稳的范围较大，并且坡长远远大于其失稳厚度时，则可以采用"无限坡"模型来进行分析。Smith[69]通过一个算例给出了均质无限斜坡的闭合形式解。胡利文等[70]提出了关于生态护坡浅层稳定分析的无限坡模型，

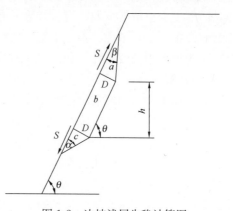

图 1-2　边坡浅层失稳计算图

并推导出了稳定安全系数的计算公式，通过了解坡面参数如坡度、厚度和土体参数等数据计算坡体可靠度。徐光明[71]等应用离心模型试验研究了带有与边坡走向一致的倾斜基岩面且紧贴该基岩面存在软弱夹层的边坡的稳定性和破坏模式，发现该类边坡失稳时紧贴岩面的软弱夹层为滑动破坏面，且表现出典型的平移滑动破坏模式；并用极限平衡法求得了模型边坡的稳定安全系数，与实测结果相当吻合，证实了该方法能良好地预测边坡平移滑动破坏情形下的稳定安全系数。王亮[72]、杨俊杰[73]等设计了砂土客土及粉土客土对比模

7

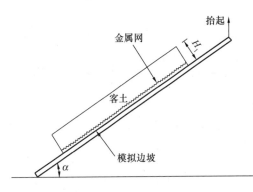

图 1-3　客土试验模型简图

型试验（图 1-3），采用无限坡模型进行客土的稳定性分析，推导出考虑地震作用及与水平表面平行的渗流作用下的用于计算客土稳定临界厚度的通式，进一步绘制了各种情况下的客土稳定设计图表。利用该图表进行了两种情况下客土稳定性的对比分析，结果表明，客土失稳厚度相同时，平行于水平表面渗流比平行于坡面表面渗流时的客土稳定性显著降低，且客土失稳厚度越小，客土稳定性的降低越显著。

1.3.2　B、C 类植被—边坡系统及稳定分析

类型 B 植被—边坡系统类似于类型 A，但基岩破碎有裂缝，根系可以深入基岩裂隙，因此植被根系对边坡稳定具有很大作用；类型 C 覆土层较厚，在表层土壤和基岩间具有过渡层，其强度随深度增加而增加，根系深入到过渡层，起到了较大的固土护坡的作用。对于这两种类型边坡的稳定分析，主要采用数值模拟的方法进行，通常将含根土层看成抗剪强度增加后的根—土复合体，将主根的锚固作用用类似土钉的杆件来进行分析。

徐中华[74]等通过 FEM 数值计算等手段，分析了活树桩根系固土护坡的效果，得出活树桩根系通过支撑和加筋作用能使土质边坡的稳定性显著提高的结论。姜志强[75]等通过 FEM 数值计算方法，将含浅细根系的土体看作均匀的"根—土复合材料"，将深粗根系等同为锚杆，研究了根系固土护坡的效果，发现根系的存在提高了边坡稳定安全系数。封金财[76]运用 FEM 数值模拟的方法，研究了植物根系对土质边坡深层滑坡的加固机理和规律，研究发现植被根系的数量、长度及位置是影响边坡稳定的主要因素。付海峰[77]等采用数值模拟方法，考虑"根—土复合体"强度增量及根系长度，进行了边坡的整体稳定性分析，为根系固坡效应评价和护坡植被种类的选择提供了理论基础。及金楠[78]等在广泛调研的基础上，研究了不同形态单株鲱骨状根构型对典型土体抗倾覆力的作用效果，得出结论：在黏土中浅层侧根的抗倾覆作用巨大，其对土体抗倾覆力的贡献率约占整个固土效果的 35%～40%。周群华等[79]采用有限元数值模拟方法，对植物根系锚固边坡的作用进行模拟分析，结果表明根系通过与土的摩擦力产生作用，其固坡效果主要由根的抗拉强度、根系与土的相互作用（摩擦）特性确定，同时根系在边坡中的位置和分布方向、根系数量等也有影响。宋维峰[80]等运用有限元法模拟了林木根系与土体相互作用对边坡稳定性的影响，并就根—土复合体的有限元离散化模型的建立、根—土复合体各类型单元的本构模型的建立、根—土复合体各单元本构模型参数的确定、造林边坡稳定性的评价等关键问题进行了探讨。肖本林[81]等根据林木根系加筋锚固的原理，结合刺槐根系力学性能试验，利用弹性杆件模拟根系进行有限元数值模拟方法，结果表明，刺槐群根能提高坡体浅层稳定，边坡坡度的增加会导致根系护坡效果减弱。

1.3.3　D 类植被—边坡系统及稳定分析

类型 D 覆土层很厚，超过树根长度，树根可影响土层水文状态，但不能伸至深部可能滑移面。一般认为这种类型边坡根系对边坡力学加固效果作用不大，有学者着重从植被

水文效应角度进行了分析。Greenwood[82]编制了计算机程序 SLIP4EX，该程序以 Wu-Waldron 模型为基础，可以综合考虑植物的力学效应和水文效应对边坡稳定性的影响。焦月红[83]等指出降雨入渗和蒸发蒸腾是两个相反的坡面水分补给过程，提出边坡水分运移—稳定性评价新思路，采用 VADOSE/W 软件，通过一个工程实例分析了坡面蒸发蒸腾尤其是坡面植被分布对边坡稳定性的影响，结果表明坡面蒸发蒸腾作用对坡体的水分分布状态在长时间内持续产生影响，并导致边坡的长期稳定性也随之产生变化。刘川顺[47]等通过剪切试验得出了根—土复合体的抗剪强度是根系密度和土壤含水率函数的数学模型，利用数值方法，模拟了根系吸水条件下的渠道边坡土壤水分动态分布，计算了不同气象阶段植被渠道边坡的稳定性，指出植物根系通过固土作用和吸水作用能够显著增强黄土渠道边坡的稳定性。

此外，对于类型 A、D 植被—边坡系统，还应重点分析风荷载的影响并采取相应的措施，在风雨交加的情况下，甚至可能因树根的拉出而加剧坡堤的失稳，此时护坡植物应选择低矮的草本和灌木并进行定期修剪，以降低风荷载的作用。

1.3.4 E 类植被—边坡系统及稳定分析

类型 E 为植被结合必要的工程防护的形式，如土工格室植草护坡等。对于这种类型的生态边坡，植物根系的固坡作用可按前面相似类型边坡的方法考虑，此外应重点分析防护工程对边坡稳定的影响。赵华[84]以格构及土工格室生态护坡工法为研究对象，分析了这种工法的特点和存在的问题，发现这类结构破坏的原因有二：①开挖边坡的本身稳定性；②格构（土工格室）与地基相互作用的适宜性。揭示了格构（土工格室）与地基的刚度差是决定其适宜性的主要因素。张季如[85、86]等在总结了土工格室破坏模式的基础上，进行了土工格室稳定性理论分析，提出了土工格室稳定计算的方法，并研究了边坡坡度、格室深度及锚钉间距等因素对土工格室稳定性的影响。阳友奎[87]在分析边坡柔性主动加固系统（以 GTC 型为例）作用模式基础上，基于极限平衡原理和摩尔—库仑破坏准则，对 GTC 型边坡柔性加固系统的作用原理进行了修正和完善。

1.4 生态护坡研究中存在的问题

（1）根系形态直接影响到根—土复合体的相互作用机理及增强效果，同时根系形态受植物品种、气候条件、土壤条件、边坡形态和生长年限的影响，是一个复杂动态的系统。因此，应从宏观和微观两个方面出发，创新研究方法和途径（如分形理论的应用），加强对根系形态的研究，构建更加合理的根系形态分布模型，进一步完善根系增强土的力学模型，深入研究根系从加载到破坏的演化全过程，探索根系失败机理及与浅层滑坡触发机制间的内在联系，揭示根系对浅层滑坡的阻碍机理。

（2）在深入研究根—土复合体的相互作用机理及增强效果基础上，将研究成果应用到不同类型的植被—边坡系统分析上，构建根—土复合"土体"的本构模型，应用数值模拟的方法研究生态边坡的应力应变场和稳定性，探索根系护坡效应与植被生长参数间的关系，为护坡物种的选择、搭配和种植密度等工程建设问题提供参考，具有重要的实际应用意义。

（3）进一步完善和细化植被—边坡系统的类型，针对不同类型的边坡，采用合适的理论和方法，开展植被护坡下的边坡稳定性研究，为不同边坡在植被护坡类型的选择和施工流程上提供借鉴，具有重要的工程指导意义。

（4）由于植被在生长初期的脆弱性，目前土工材料植草护坡技术得到了广泛应用（类型 E），因此要加强研究植被护坡同工程护坡的结合，探讨工程护坡与地基相互作用的适宜性问题，采用合适的方法研究工程护坡与地基相互作用并优化其设计。

（5）植被在生长与固坡的同时，会受到自然风力、水等外力作用的影响。关于植被—气候的水文效应，取得了丰富的研究成果，但是将这些成果应用到生态边坡稳定性分析上还不多见，往后应加强植被—气候的水文效应对生态边坡稳定性影响的研究，将对边坡治理与防护的有效实施具有理论指导价值和现实意义。

（6）植被护坡是一个复杂的、长期的和动态的过程，并且受全年气候因素、环境变化和人为因素干扰较大，因此应对植被护坡的时间尺度效应进行相应的连续观测，研究护坡植被的生长状态和演替规律，探讨生态边坡的长期稳定性和植被护坡的可持续能力。

（7）边坡是一个具有明显不确定性、模糊性和时变性的系统，安全系数及可靠度理论在边坡稳定评价上各有优缺点。二元体系是基于确定性指标（安全系数）和不确定指标（可靠度）建立的边坡稳定综合评价指标体系，兼有二者的优点，目前边坡二元评价体系的研究尚处于理论研究及手算阶段，难以在实际工程应用中进行推广。因此，构建更加符合工程实际的边坡稳定二元评价体系，通过编程或借助现有计算软件强大的计算能力，形成一套完整而高效的边坡稳定二元指标分析方法具有重要的理论意义和实用价值。

第2章 根系土抗剪强度室内试验

生态边坡中植被根系力学效应的增强效果主要表现在对土的抗剪强度的提高上，针对背景工程典型的全风化花岗岩残坡积土，选取生态边坡的先锋植物之一狗牙根根系作为研究对象，采用室内直剪试验，研究根系土抗剪强度的变化规律，着重分析含水率、含根量和根系形态对根系土抗剪强度的影响。

2.1 生态护坡力学作用机理

植被地表下的根系力学加固和地上茎叶的水文作用是生态护坡效果的主要机理。碎石或土质边坡的稳固集中体现在根系的加筋与锚固作用。

2.1.1 草本植物的浅根加筋作用

草本植物的根系通常都为须根，根径小于1mm，且集中分布在地表30cm以内。草本植物根系表层的边坡土盘根错节，形成根—土复合体[22]，可将根—土复合体视作是加筋土。加筋根系为土体提供了附加"黏聚力"Δc[88]，使素土的抗剪强度包线竖向偏移了一个Δc的位置，大幅度增加了加筋土的抗剪强度，如图2-1所示。因此，原土体的力学性能因植物根系的存在而产生变化，进而阻碍土体的变形，提高坡体的稳定性，有效地防止滑坡的发生。

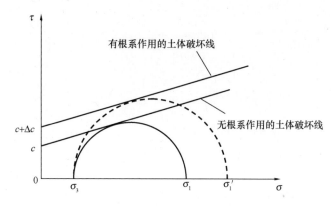

图 2-1 根系对土体加筋作用模式

2.1.2 根—土作用力学模型

在分析根—土作用的模型时，常常假定根系为刚性和柔性两种模型，通过公式计算出根系为土体提供的附加"黏聚力"Δc。

1. 刚性模型

最先Waldron描述了植物根系的加筋作用，并建立了根系土的力平衡模型[31]，其为Mohr-coufomb强度方程的修正形式：

$$\tau = c + \sigma\tan\varphi + \Delta c \qquad (2\text{-}1)$$

式中　τ——根系土的抗剪强度；

　　　Δc——加筋引起的抗剪强度增加值。

Gray 等借助式（2-1）所示的力平衡模型对加筋后复合土体的变形及破坏机理进行了描述，估算出根系与剪切平面垂直和斜交时相应抗剪强度的增量 Δc[89]。图 2-2 为单根对土体的加筋力学模型，图 2-2（a）表示根的伸展方向与剪切区正交的情况，图 2-2（b）表示根的伸展方向与剪切区斜交的情况。

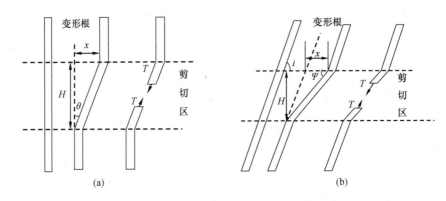

图 2-2　单根与土体的相互作用模型（刚性状态）
（a）正交状态；（b）斜交状态

根据图 2-2，可以推导出以下公式：

正交时　　　　　$$\Delta c = \frac{T}{A}\sin\theta = \frac{T}{A}\cos\theta\tan\varphi \qquad (2\text{-}2)$$

斜交时：　　　　$$\Delta c = \frac{T}{A}\sin(90° - \psi) + \frac{T}{A}\cos(90° - \psi)\tan\varphi \qquad (2\text{-}3)$$

$$\psi = \tan^{-1}\left[\frac{1}{k + (\tan^{-1}i)^{-1}}\right] \qquad (2\text{-}4)$$

式中　Δc——加筋引起的抗剪切强度增加值；

　　　T——根的抗拉力，N；

　　　A——土体面积；

　　　θ——剪切变形角；

　　　φ——土体的内摩擦角；

　　　i——根的拉伸方向与剪切面的初始夹角；

　　　k——剪切变形比。

k 的表达式为 $k = x/H$，其中 x 为剪切位移，H 为剪切区的厚度。

假设面积为 A 的土体内共分布 n 个根，它们的抗拉力依次为 T_1，T_2，…，T_n，剪切变形角分别为 θ_1，θ_2，…，θ_n，拉伸方向与剪切面的初始夹角分别为 i_1，i_2，…，i_n，剪切变形比分别为 k_1，k_2，…，k_n，那么式（2-2）～式（2-4）分别为：

正交时
$$\Delta c = \frac{\sum\limits_{j=1}^{n} T_j \sin\theta_j}{A} + \frac{\sum\limits_{j=1}^{n} T_j \cos\theta_j}{A}\tan\varphi \tag{2-5}$$

斜交时
$$\Delta c = \frac{\sum\limits_{j=1}^{n} T_j \sin(90^\circ - \psi_j)}{A} + \frac{\sum\limits_{j=1}^{n} T_j \cos(90^\circ - \psi_j)}{A}\tan\varphi \tag{2-6}$$

$$\psi_j = \tan^{-1}\left[\frac{1}{k_j + (\tan^{-1} i_j)^{-1}}\right] \quad (j = 1, 2, \cdots, n) \tag{2-7}$$

假设面积为 A 的土体内共分布 n 个根,它们中有 m 个正交根,其余 $n-m$ 个为斜交根,n 个根的抗拉力分别为 T_1, T_2, $\cdots$, T_n,正交根的剪切变形角分别为 θ_1, θ_2, $\cdots$, θ_n,斜交根的拉伸方向与剪切面的初始夹角分别为 i_{m+1}, i_{m+2}, $\cdots$, i_n,剪切变形比分别为 k_{m+1}, k_{m+2}, $\cdots$, k_n,则由于根系的加筋所增加的土体抗剪强度为:

$$\Delta c \frac{\sum\limits_{j=1}^{m} T_j \sin\theta_j}{A} + \frac{\sum\limits_{j=1}^{m} T_j \cos\theta_j}{A}\tan\varphi + \frac{\sum\limits_{i=m+1}^{n} T_j \sin(90^\circ - \psi_j)}{A} + \frac{\sum\limits_{i=m+1}^{n} T_j \cos(90^\circ - \psi_j)}{A}\tan\varphi \tag{2-8}$$

$$\psi_j = \tan^{-1}\left[\frac{1}{k_j + (\tan^{-1} i_j)^{-1}}\right] \quad (j = m+1, m+2, \cdots, n) \tag{2-9}$$

式 (2-8) 和 (2-9) 中,通过素土的直剪试验获得参数 φ,采取野外截取含根系土体的纵横剖面统计能够获得参数 m、n 和 i_j ($j = m+1$, $\cdots$, n),θ_j ($j = 1$, $\cdots$, m) 和 k_j ($j = m+1$, $\cdots$, n) 可由野外根系直剪试验求得;但对于参数 T_j,需根据复合土体破坏时的根系形态来确定:如若破坏时是根系被拉断,则 T_j 为根系的抗拉强度乘以其断面面积;如若是根系从土体中拔出,则 T_j 为根系与土体间的摩擦阻力。植入草本植物根系的复合土体破坏时,通常都是根系被拉断,说明 T_j 是由根的抗拉力决定的,那么单根的拉拔试验可以测定 T_j 值。

综合以上分析,根系土的抗剪强度的表达式在加筋原理的基础之上为:

$$\tau = c + \sigma\tan\varphi + \Delta c$$

$$= \left[c + \frac{\sum\limits_{j=1}^{m} T_j \sin\theta_j}{A} + \frac{\sum\limits_{i=m+1}^{n} T_j \sin(90^\circ - \psi_j)}{A}\right] +$$

$$\left[\sigma + \frac{\sum\limits_{j=1}^{m} T_j \cos\theta_j}{A} + \frac{\sum\limits_{i=m+1}^{n} T_j \cos(90^\circ - \psi_j)}{A}\right]\tan\varphi \tag{2-10}$$

2. 柔性模型

将根系视为一柔性材料,根系同时受到拉力以及土对根的侧向作用力,如图 2-3 所示。

依据图 2-3 可知,土体对根系的侧向力表达式为:

$$\sigma_x = K_0\sigma_z = K_0\gamma z \tag{2-11}$$

$$K_0 = \frac{\mu}{1-\mu}$$

式中　K_0——土的侧压力系数或静止土压力系数；

　　　γ——土的重度；

　　　z——土的厚度；

　　　μ——泊松比。

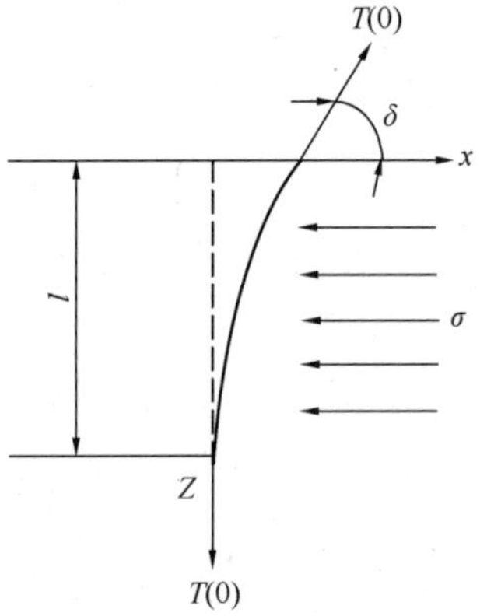

对图 2-3 进行受力状态分析得出：

$$T = \frac{\sigma_x l}{\cos\delta} \tag{2-12}$$

将式（2-11）带入式（2-12）：

$$T = \frac{K_0 \gamma z l}{\cos\delta} \tag{2-13}$$

$$T_L = T\sin\delta \tag{2-14}$$

图 2-3　根与土的作用模型
（柔性状态）

则单根所增加的抗剪强度为：

$$\Delta c = \frac{T\cos\delta}{a} + \frac{T\sin\delta}{a}\tan\varphi \tag{2-15}$$

式中　T——单根的抗拉力，N；

　　　δ——根与水平轴的夹角；

　　　φ——土体的内摩擦角，°；

　　　a——单根的断面面积，m^2。

假设面积为 A 的土体内共分布 j 个根，则根系累积增加的抗剪强度表达式如下：

$$\Delta c = \frac{\sum_{j=1}^{n} T_j \cos\delta}{A} + \frac{\sum_{j=1}^{n} T_j \sin\delta_j}{A}\tan\varphi \tag{2-16}$$

综合以上分析，根系土的抗剪强度的表达式在加筋原理的基础之上为：

$$\tau = c + \sigma\tan\varphi + \Delta c$$

$$= \left(c + \frac{\sum_{j=1}^{n} T_j \cos\delta}{A} \right) + \left(\sigma + \frac{\sum_{j=1}^{n} T_j \sin\delta_j}{A} \right)\tan\varphi \tag{2-17}$$

2.1.3　木本植物根系的锚固作用

在传统的护坡理论中，锚固理论通常指岩土工程中的锚杆、土钉等支护作用理论，木本植物的垂直根系可伸入土层，一般伸入深度可达 3～5m，且具有一定的刚度。垂直根系类似于锚杆进而对坡体进行锚固，把不稳定的浅层土嵌固在稳定的深层土层上，防止不稳定的土体滑落。

木本植物垂直根系较长，可以深入比较深的土层，土体被周围的主、侧根对土体的摩擦力结合在一起，根据锚杆的支护理论，将根系简化为全长粘接型锚杆，其中主根为轴向、侧根为分支，研究垂直根系对四周土体的力学作用，主、侧根与四周土体的摩擦力之和为其锚固力大小[90]。

由此可建立如图 2-4 所示的根系作用模型 [39]，针对处于地下深度为 z 且根径大于 1mm 的任意段 $\mathrm{d}l$，根段表面单位面积上所受到的正压力为 γz，其中，γ 为土体的重度。假设根—土间静摩擦系数为 μ，则相应的最大静摩擦力为 $\mu\gamma z$。故整个根段 $\mathrm{d}l$ 所受的最大静摩擦力合力为：

$$\mathrm{d}f = A \cdot \mu z\gamma = 2\pi r \cdot \mu z\gamma \cdot \mathrm{d}l \tag{2-18}$$

$$A = 2\pi r \cdot \mathrm{d}l$$

式中　r——根段的半径；

　　　A——根段的表面积。

$\mathrm{d}f$ 在竖直方向的投影分量为：

$$\begin{aligned}\mathrm{d}f_z &= \mathrm{d}f \cdot \cos\theta \\ &= 2\pi r \cdot \mu z\gamma \cdot \mathrm{d}l \cdot \cos\theta \\ &= 2\pi r \cdot \mu z\gamma \cdot \mathrm{d}z \end{aligned} \tag{2-19}$$

由式（2-19）可知，任一根段受到的最大静摩擦力的竖直分量与根拉伸的倾角（θ）无关。对于整体根系而言，如果将

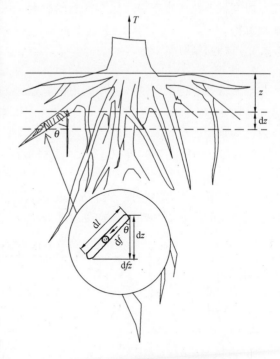

图 2-4　垂直根系的力学分析

$\bar{r} = P(z)$ 和 $N = Q(z)$ 分别设定为根的平均半径沿深度 z 方向的分布函数和根的数量沿深度 z 方向的分布函数，那么地下 $z \sim z + \mathrm{d}z$ 范围内，根系的最大静摩擦力的竖直分量为：

$$\sum \mathrm{d}f_z = N \cdot 2\pi\bar{r} \cdot \mu z\gamma \cdot \mathrm{d}z = 2\pi\mu\gamma \cdot P(z) \cdot Q(z) \cdot z \cdot \mathrm{d}z \tag{2-20}$$

因而根系最大静摩擦力在竖直方向的分量总和为：

$$F = \int_0^\infty \sum \mathrm{d}f_z = 2\pi\mu\gamma \cdot \int_0^\infty P(z) \cdot Q(z) \cdot z \cdot \mathrm{d}z \tag{2-21}$$

由此，根系的最大锚固力为：

$$T = F = 2\pi\mu\gamma \cdot \int_0^\infty P(z) \cdot Q(z) \cdot z \cdot \mathrm{d}z \tag{2-22}$$

式（2-21）中，通过含根土体沿不同深度分别剖取横剖面的原位试验和量测根的数量并进行拟合数据可测得函数 $P(z)$ 和 $Q(z)$，采用根土接触面的剪切试验测定黏聚力 c 及根土间的摩擦系数 μ。

2.2　含水率和含根量对根系土强度的影响

某高速江西镜内赣州段全长 60.834km，地处赣南丘陵区，全线地形地貌、地质条件复杂，有典型的全风化花岗岩残坡积土等，路堑边坡挖方以植被护坡为主，采用三维网喷播草、土工格室植草皮、人工植树等防护形式。本章以全风化花岗岩残积土为研究对象，对素土和加入不同狗牙根含量形成的根—土复合体，在不同含水率条件下进行室内直剪试

验，研究根系及含水率对其抗剪强度的影响，为进一步分析其加固机理和稳定性分析提供基础资料。

2.2.1　试验材料

1. 土壤

本次试验土样取自某高速江西境内赣州段 K53＋200 处全风化花岗岩残坡积土，其呈褐红夹灰白色，有残余结构强度，矿物成分基本已蚀变成黏性土，土样取出后稍用力捏即松散、遇水易崩解，具亲水性，水稳性差，为既具有黏性土（c 值较大）特征、又具有砂性土特性（φ 值较高）的特殊土[91]。土样取回后，立即在试验室内用原状土做其天然含水率和密度试验，再用重塑土做筛分、液塑限等参数试验，依据试验结果确定该土体为粉质黏土。试验过程严格按照《公路土工试验规程》[92] 进行，具体试验过程不再做详细说明，其主要的物理力学性质指标见表 2-1。

全风化花岗岩残坡积土主要物理力学性质指标　　　　　表 2-1

天然含水率 ω（%）	密度 ρ（g·cm^{-3}）	土粒比重 G_s	颗粒组成（%）			液限 W_L（%）	塑性指数 I_P	孔隙比 e
			5～2.5mm	2.5～0.075mm	＜0.075mm			
25.08	1.68	2.71	23.58	63.51	6.67	46.84	13.34	1.02

2. 根系

考虑到工程现场距离试验室较远（大约 125km），且此次试验试样较多，工程现场的根系不方便取回，故在校园内选取一块地种植狗牙根草，5 个月后狗牙根已经长得十分茂盛，如图 2-5（a）所示。将其根系洗净后拍摄的照片如图 2-5（b）所示。

 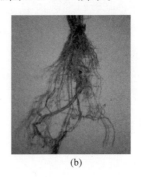

(a)　　　　　　　　　　　　　　　(b)

图 2-5　狗牙根及其根系

（a）狗牙根生长情况；（b）狗牙根根系

2.2.2　试验仪器

试验采用的是 STSJ-5A 型智能电动四联直剪仪（南京土壤仪器厂）。

2.2.3　试样制备

由于试验土质较差（土质较松散），无法采集到根—土复合体原状土，且此次试验所需的试样较多，现场与试验室距离较远，路途颠簸，不便将原状土带回室内，然而野外试验又受到环境条件、时间、人员及试验设备的限制，故此次试验采用扰动土进行制样。试样高度为 2cm，直径 6.18cm。试验所用加筋材料为狗牙根的草根，狗牙根已种植 5 个月，根系如图 2-5 所示，可以看出狗牙根根系为典型的须根系：根径粗细均匀，均小于 1mm，且须根数量众多，使得根系在其生长范围内，形成网絮状与土体紧密缠绕、粘结，形成根土复合体，起到加筋的作用，提高土体的抗剪强度。考虑到室内试验的局限性，截取 2cm 的根系，并将草根均匀拌入土样中，相当于截取了某个 2cm 深度的土层，并模拟狗牙根自然状态下随机生长的根系。

取回后洗净取其根使用，将草根均剪成 2cm 的长度，吸干草根表面水分备用。试验按照《公路土工试验规程》[92]，首先将土过 2mm 筛后放入 110℃烘箱中干燥 12h；其次按照设计含水率配土：称取 5kg 烘干土，计算所需加水量，在不吸水的铝盆内充分拌和；掺入预先制备好的狗牙根，按设计含根量称好草根后放入拌好的土样中（图 2-6a），搅拌后平均分为 5 份；土样压实、密封静置 24h（图 2-6b）。

 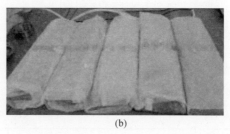

(a)   (b)

图 2-6 土样制作

(a) 根系与设计含水率土样拌合；(b) 土样压实、密封静置

针对工程的全风化花岗岩残坡积根系土，设计根系含量（质量比）和含水率的双因素抗剪强度试验，定义根系与干土的质量之比为含根量（G），各土样含根量 G 分别为 0％、0.1％、0.2％、0.3％和 0.4％，初始含水率为 25％、28％和 31％。试验按照《公路土工试验规程》中扰动土的操作规程，试验土样制备以孔隙比为控制标准，采用扰动土击实方式。为方便试验研究对试样进行编号，如"$G0.1\omega25$"表示含根量为 0.1％且含水率为 25％的试样。见表 2-2 所列。

试样设计   表 2-2

试样编号	含根量（％）	含水率（％）	孔隙比	试样编号	含根量（％）	含水率（％）	孔隙比	试样编号	含根量（％）	含水率（％）	孔隙比
$G0\omega25$	0	25	0.99	$G0\omega28$	0	28	0.99	$G0\omega31$	0	31	0.99
$G0.1\omega25$	0.1	25	0.99	$G0.1\omega28$	0.1	28	0.99	$G0.1\omega31$	0.1	31	0.99
$G0.2\omega25$	0.2	25	0.99	$G0.2\omega28$	0.2	28	0.99	$G0.2\omega31$	0.2	31	0.99
$G0.3\omega25$	0.3	25	0.99	$G0.3\omega28$	0.3	28	0.99	$G0.3\omega31$	0.3	31	0.99
$G0.4\omega25$	0.4	25	0.99	$G0.4\omega28$	0.4	28	0.99	$G0.4\omega31$	0.4	31	0.99

2.2.4 试验方法

每组试验分别取五个试样，竖向荷载采用 50kPa、100kPa、150kPa、200kPa、250kPa 的组合。由于采用扰动土样制样，试验结果在不同竖向荷载下的离散性比较大，所以每组试样的竖向荷载不应少于四种，本试验采用 50～250kPa 等不同荷载组合来满足分层统计要求，提高试验结果的可靠性。将击实后的试样从环刀中推出后放入剪切盒中，施加相应竖向荷载后，以 0.8mm/min 的速率进行快剪试验，并记录测力计读数。若测力计读数到达稳定值，或有明显回弹，即剪切破坏，取峰值为抗剪强度值；若读数一直增长，则剪切变形达 6mm，即试验进行 7.5min 时停止试验，抗剪强度值取 4mm 剪切变形处对应的剪应力。分别对不同含水率和含根量土样进行剪切试验，并根据试验数据，绘制抗剪强度与法向应力关系曲线、剪应力与剪切位移关系曲线。

2.2.5　试验结果及分析

试样在各级竖向荷载下对应的抗剪强度等于测力计读数乘以测力计系数，相应的法向应力 σ（kPa）和抗剪强度 τ（kPa）服从库仑—摩尔准则，其公式为：

$$\tau = c + \sigma\tan\varphi \tag{2-23}$$

式中　τ——土样的抗剪强度，kPa；

　　　σ——土样剪切面上的法向应力，kPa；

　　　c——土样的黏聚力，kPa；

　　　φ——土样的内摩擦角，°。

由式（2-23）可以得出每个试样的黏聚力 c 及内摩擦角 φ 值，经计算后不同类型试样的抗剪强度及强度指标（c、φ 值）见表 2-3。

各土样的抗剪强度　　　　　　　表 2-3

试样编号	各级荷载对应的抗剪强度（kPa）					c (kPa)	φ (°)	c 增量 (kPa)	φ 增量 (°)
	50	100	150	200	250				
G0ω25	35.012	56.93	—	111.147	134.218	10.34	26.57	0	0
G0.1ω25	35	68.001	102.534	126.273	153.578	14.43	29.25	4.09	2.68
G0.2ω25	50.9	61.76	112.7	143.6	154.069	18.15	30.11	7.81	3.54
G0.3ω25	38.4	81.1	96.9	127.3	146.536	19.73	27.47	9.39	0.9
G0.4ω25	36.4	74.5	112.7	137.1	161.8	21.5	29.68	11.16	3.11
G0ω28	40.5	64.1	97.9	125.9	150	7.150	30.11	0	0
G0.1ω28	26	70.55	100	131.27	160.37	10.39	30.96	3.24	0.85
G0.2ω28	31.68	62.83	100	147.79	161.24	13.86	31.38	6.71	1.27
G0.3ω28	26.7	66.4	110.5	131.8	171.436	16.04	31.38	8.89	1.27
G0.4ω28	33.09	80.36	102.18	140.91	186.42	16.99	31.38	9.84	1.27
G0ω31	26.4	63.6	101.872	132.9	156	5.71	31.8	0	0
G0.1ω31	30.9	62.2	103.8	121.5	154.3	6.88	30.54	1.17	−1.28
G0.2ω31	32.76	75.17	101.89	133.52	170.46	8.76	32.62	3.05	0.82
G0.3ω31	31.5	68	95.22	139.29	157.17	9.4	31.38	3.69	−0.42
G0.4ω31	27.43	64.96	104.07	140.35	167.41	10.59	32.21	4.88	0.41

根据试验数据，分别将同一含水率条件下不同含根量的根系土抗剪强度在 50kPa、100kPa、150kPa、200kPa、250kPa 法向应力下对应的抗剪强度值进行拟合，得出各含水率条件下抗剪强度与法向应力的关系曲线，拟合曲线如图 2-7 所示。

1. 法向应力对抗剪强度的影响

由图 2-7 可以看出：含水率和含根量一定的条件下，根系土的抗剪强度值与法向应力的关系也和无根系土的类似，均随法向应力的增大线性增加，表明根系土依然服从摩尔—

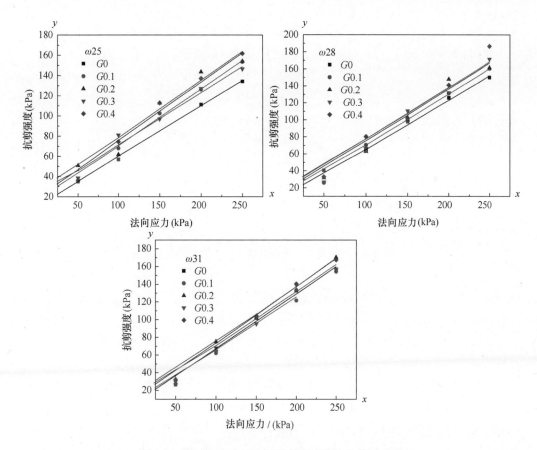

图 2-7　不同含水率下土体抗剪强度与法向应力曲线

库伦强度破坏准则,图中 y 轴上的截距为 c,斜率为 $\tan\varphi$。

2. 根系对抗剪强度指标的影响

从表 2-3 可看出,根系土强度包线均在无根系土之上,说明根系的存在,使得根系土的抗剪强度指标 c 值较之同一含水率无根系土的 c 值明显增大,其增量从 $1.17\sim 11.16$kPa;而内摩擦角 φ 的增量较小,增量在 $-1.28°\sim 3.54°$ 之间,认为根系对土体内摩擦角的影响很小。阐明加入狗牙根根系形成的根系土,在一定程度上能提高全风化花岗岩残坡积土体的抗剪强度,黏聚力 c 比内摩擦角 φ 增大明显,这点从图 2-7 根系土和素土的抗剪强度包线几近平行可以看出,表明根—土复合体与素土的内摩擦角 φ 几乎没有变化,说明根系对根—土复合体抗剪强度指标的提高,主要是增强土体的黏聚力,而内摩擦角随含根量增加变化不明显。从图 2-7 还可以看出,根系土强度包线与 y 轴的截距比素土的大,说明加筋根系为土体提供了一个附加黏聚力 Δc,使素土的强度包线上移了一个 Δc 的间隔,大幅度增加了土体的抗剪强度,增强了复合土体的承载力,加强了坡体根系浅层的稳定性,有效防止边坡失稳。

3. 含根量对黏聚力的影响

含根量与黏聚力 c 值的关系及拟合曲线如图 2-8 所示,从图中可以看出:

(1) 相同含水率条件下,根—土复合体 c 值随根系含量的增加呈增大的趋势;在 25% 和 28% 含水率下,含根量从 0% 增加到 0.2% 时,复合体 c 值几乎线性增大,当含根

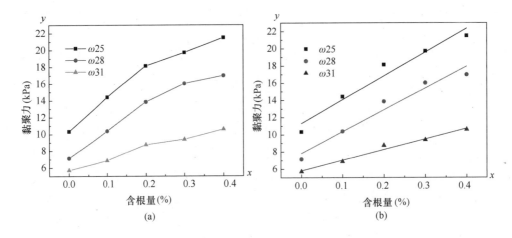

图 2-8　黏聚力—含根量的关系、拟合曲线

（a）$c-G$ 关系曲线；（b）$c-G$ 拟合曲线

量增加到 0.3％以后，c 值的增幅有所减缓；在 31％含水率下，含根量从 0％增加到 0.2％时，复合体 c 值逐渐增大，当含根量增加到 0.3％以后，c 值的增幅也在减缓。说明复合体在含根量为 0.2％时，黏聚力增幅达到最大，此后随着含根量的继续增加，黏聚力增幅在减缓。

（2）相同含根量情况下，黏聚力随含水率增加而降低，含水率越高，黏聚力越低；当含水率在 28％～31％之间时，黏聚力对含水率的影响最为敏感。

采用 Origin 软件，通过数值回归分析得到含根量与黏聚力关系的回归方程，拟合结果见表 2-4。

含根量与黏聚力的回归方程　　　　　　　　　　　　　　　表 2-4

回归方程式	$c=a+bG$		
含水率（％）	a	b	R^2
25	11.31	27.62	0.941
28	7.82	25.33	0.946
31	5.81	12.3	0.974

4. 含水率对黏聚力的影响

由图 2-9 可知：相同含根量条件下，土体的黏聚力随含水率的增长而降低，黏聚力 c 与含水率对数值成反比；土样含水率在 25％～28％时，随着含根量的增加 c 值的降幅从 30.8％降低到 21％，说明此时根系减缓了黏聚力减小的幅度；而含水率在 28％～31％时，c 值的减小率也随含根量的增加从 20.2％增加到 37.6％，此阶段根系对黏聚力减小的幅度没有促进作用，含水率对 c 值的影响相对含根量更显著。

以上现象的产生，是由于含水率增加使得结合水膜变厚，土颗粒间胶结作用降低的同时基质吸力减小，表现为黏聚力减小；但由于根系的存在，牵引作用使得复合土体在剪切过程中，限制了土体的变形，一定程度上削弱了水对黏聚力的影响程度。通过数值回归分析，拟合得到含水率 ω 与黏聚力 c 值的表达式，见表 2-5。

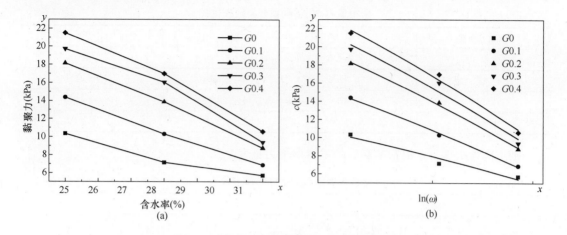

图 2-9 黏聚力—含水率的关系、拟合曲线

（a）$c-\omega$ 关系曲线；（b）$c-\ln\omega$W 拟合曲线

含水率对数与黏聚力的回归方程　　　　　　　　　　　表 2-5

回归方程式	$c=a+b\ln\omega$		
含根量（%）	a	b	R^2
0	29.34	−0.77	0.911
0.1	45.52	−1.25	0.995
0.2	57.41	−1.56	0.995
0.3	63.26	−1.72	0.947
0.4	67.27	−1.82	0.980

2.2.6 根系加筋效应公式建立

根据以上试验研究发现，土体内摩擦角 φ 受含根量的影响较小，这里忽略内摩擦角的影响，仅探讨根系对 c 值的影响，推导出建立在黏聚力增量 Δc 与含根量之间的函数表达式。x 坐标为含根量 G，y 坐标为 Δc，拟合可得如图 2-10 所示的 Δc-G 的关系曲线。

从图 2-10 可以看出，Δc 随着含根量 G 增加而显著增大，几近线性，但不同含水率对黏聚力增量的增值影响效果也不相同，25% 和 28% 含水率时 Δc 随含根量的增加，增幅相差不大，但在 31% 含水率时，Δc 增幅明显下降，表明土体在 28% 含水率时较敏感。可见根系增强土体强度的效果明显，但 Δc 的增值也受到含水率的影响。通过回归分析，可以得到 Δc 关于含根量 G 的表达式，见表 2-6。

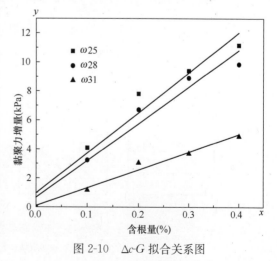

图 2-10 Δc-G 拟合关系图

含根量 G 与 Δc 的拟合函数表达式　　　　表 2-6

回归方程式	$\Delta c = a + bG$		
含水率（%）	a	b	R^2
25	0.97	27.62	0.941
28	0.67	25.33	0.946
31	0.10	12.28	0.974

则不同含水率下，根系加筋后的土体黏聚力见表 2-7。

根系加筋后的土体黏聚力公式　　　　表 2-7

含水率（%）	根系加筋后的黏聚力
25	$c = c_0 + 27.62G + 0.97$
28	$c = c_0 + 25.33G + 0.67$
31	$c = c_0 + 12.28G + 0.1$

由图 2-10、表 2-6 和表 2-7 可以看出，黏聚力增量 Δc 随含根量增长线性增加，而内摩擦角 φ 值几乎不受影响，则土体强度的增加值等于黏聚力增量 Δc，依托试验可建立如下 Δc 关于含根量 G 的表达式：

$$\Delta c = m + nG \tag{2-24}$$

式中　$m，n$——模型系数，与根系种类、特性及含水率有关；

　　　　G——含根量。

由此可得一般情况下土体抗剪强度 τ 关于含根量 G 的表达式：

$$\tau_f = c + \sigma\tan\varphi = (c_0 + m + nG) + \sigma\tan\varphi \tag{2-25}$$

式（2-25）为根系加筋效应公式，由式（2-25）可看出根系土强度与含根量线性正相关，这与 Endo 和 Tsuruta 通过原位剪切试验得出的复合土体的黏聚力与根密度成正比[93] 的结论相一致。

2.3　根系分布形态对根系土强度的影响

植物的固土能力一个重要的影响因素是根系的分布形态，为了研究根系不同形态对根系土强度影响的效果，将土中根系的分布形态分为水平、倾斜 45°、竖直和混合四种方式，如图 2-11 所示。本次试验采用直径 6.18cm，高 2cm 的试样。为降低试验误差，每种根系分布方式做六个试样，分别在不同法向应力下进行快剪试验。

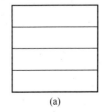 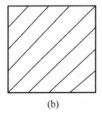 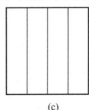 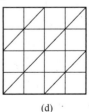

　　　（a）　　　　　　　（b）　　　　　　　（c）　　　　　　　（d）

图 2-11　不同根系分布方式示意图

（a）水平根系；（b）倾斜根系；（c）竖直根系；（d）混合根系

2.3.1　试验方法

本试验中，对于混合分布根系，不考虑根系在土体中的分布角度，只需在制样时将根系与土体混合在一起击实即可，与 2.2 节的试验方法一致；而对于水平、倾斜 45°和竖直三种分布根系，按照以下方法进行制样，具体步骤如下：

（1）取若干个 70.7mm×70.7mm×70.7mm 的试模（图 2-12a），控制试样孔隙比 $e=$ 0.99、含水率 $\omega=25\%$、含根量 $G=0.1\%$，根据公式算出每个试模中需要的干土质量及所需加入根系的质量，试验土样分 10 层击实，每层之间刮毛之后放入狗牙根。水平和竖直根系放置方向如图 2-12（b）所示，倾斜 45°根系沿对角线平行放置（图 2-12c）。试样击实后密封静置 24h。

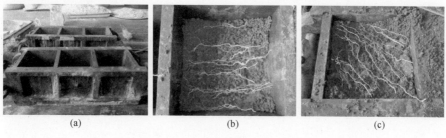

(a)　　　　　　　　　　(b)　　　　　　　　　　(c)

图 2-12　试模及试验根系放置图
(a) 试模；(b) 水平、竖直根系放置图；(c) 倾斜根系放置图

（2）脱去模具，将产生五个剖面（图 2-13），水平根系土样将环刀垂直 a 面取样，沿图示 b 面用钢丝锯将土样分为均等的两块；竖直和倾斜根系土样将脱模的试样逆时针转 90°，此时 b 面为正上方的面，将环刀垂直 b 面取样，沿 a 面用钢丝锯切削成两块土样，切削时尽量保证每部分土体厚度相当。做好的试样如图 2-14 所示。

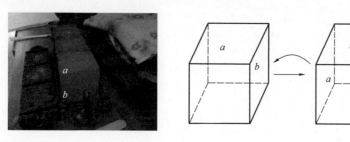

图 2-13　试样脱模后的剖面

(a)　　　　　　　　　　(b)　　　　　　　　　　(c)

图 2-14　根系土试样
(a) 竖直根系；(b) 水平根系；(c) 倾斜根系

（3）将制作完成的试样分别在法向应力 50kPa、100kPa、150kPa、200kPa、250kPa、300kPa 下进行快剪试验，记录不同法向应力下的测力计读数。

2.3.2　试验结果及分析

分别对孔隙比 $e=0.99$、含水率 $\omega=25\%$、含根量 $G=0.1\%$ 的不同根系分布方式的根系土试样进行直剪试验，控制剪切速率为 0.8mm/min，试验测试的不同根系分布方式的根系土抗剪强度及强度指标见表 2-8。

表 2-8

不同根系分布方式的根系土抗剪强度

根系分布方式	各级荷载对应的抗剪强度（kPa）						c（kPa）	c 增量（kPa）	φ（°）	φ 增量（°）
	50	100	150	200	250	300				
素土	35.01	56.93	—	111.15	134.22	—	10.34	0	26.57	0
水平根系	34.55	60.18	107.79	116.52	133.18	173.94	11.89	1.55	27.85	1.28
竖直根系	35.09	64.87	100.24	121.38	145.51	178.52	13.08	2.74	28.6	2.03
倾斜根系	29.23	66.74	104.57	129.28	154.64	185.43	13.16	2.82	29.89	3.32
混合根系	35	68.00	102.53	126.27	153.58	—	14.43	4.09	29.29	2.72

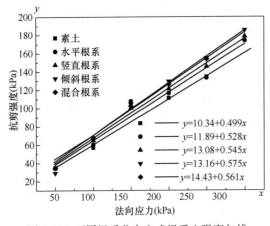

图 2-15　不同根系分布方式根系土强度包线

根据测试的数据，将素土和不同根系分布方式的根系土放在一起研究，分别将其抗剪强度在 50kPa、100kPa、150kPa、200kPa、250kPa 及 300kPa 法向应力下对应的抗剪强度值进行拟合，得出各不同分布方式的根系土抗剪强度与法向应力的关系拟合曲线，如图 2-15 所示。

由图 2-15 和表 2-8 可得出以下结论：

（1）根系土的强度包线均在无根系土之上，再次体现了根系能够强化土体抗剪强度。

（2）不论何种根系分布方式，相比于无根系土，根系土的强度指标（c、φ）都在不同程度上有所增大，黏聚力增量在 1.55～4.09kPa 范围内增加，增幅在 15%～39.6% 不等，提高较显著；而内摩擦角增量在 1.28°～3.22° 之间，增幅在 4.8%～12.1%，提高的幅度相比于黏聚力的增幅要小得多，且图 2-15 中各土体强度包线几近平行，也说明根系对根—土复合体抗剪强度指标的提高，主要是增强土体的黏聚力，而内摩擦角随含根量增加变化不明显。

（3）不同的分布形态的根系土，黏聚力增量会有所不同，在 1.55～4.09kPa 范围内增加，说明根系不同布置形式对提高复合土体强度大小有所不同，其贡献由大到小排序依次为：混合根系＞倾斜根系＞竖直根系＞水平根系＞素土。由图 2-15 也可看出，五条强度包线在 y 轴上的截距不断增大，由上到下依次为：混合根系、倾斜根系、竖直根系、水平根系和素土。

产生这一现象的原因，是因为土体的弹性模量比根系的小，且抗拉强度远小于根系，当土体因剪切发生破坏时，根系的牵引作用在某种程度上可以抵抗变形，进而强化土体的抗剪强度。

水平、竖直和倾斜根系成网状将土体交融在一起，加大了土颗粒与根系间的接触面积，当土体受到剪切时，根系与土体之间的摩擦阻力大大增加，使根系更容易从土中很好地发挥根系的抗拉强度作用，加筋土大幅度增加了土体的抗剪强度，可见，草本植物根系随机生长状态下的不定根，即混合根系更有显著的加筋效果；根系土的水平根系对土体抗剪强度也有增强，但提高幅度不大；对土体强度提高幅度较大的是竖直和倾斜根系，倾斜根系的增强作用要稍微大些。

2.4 本章小结

本章利用室内直剪试验，通过对不同含水率和含根量双因素的根—土复合体正交直剪试验和不同根系分布方式的根系土直剪试验，研究含根量、含水率和根系分布方式对根系土抗剪强度的影响，总结出以下结论：

（1）含水率和含根量一定的条件下，根系土的抗剪强度值与法向应力都随法向应力的增大线性增加，表明根系土依然服从摩尔—库伦强度破坏准则。

（2）在同一含水率水平条件下，加入植物根系构成的根—土复合体较之素土，抗剪强度有显著的提高，并且随着含根量的增加，根—土复合体的抗剪强度增强，主要表现在 c 值随含根量增加而显著增大，φ 值几乎不变。

（3）黏聚力 c 与含根量 G 和含水率 ω 分别存在线性关系，黏聚力增量与含根量线性正相关，即 $\Delta c = m + nG$，根系加筋效应公式为：$\tau_f = c + \sigma \tan \varphi = (c + m + nG) + \sigma \tan \varphi$。

（4）在控制含根量相同的前提下，土体的含水率越高，其黏聚力越小，且黏聚力 c 与含水率对数 $\ln \omega$ 负相关。

（5）根系不同布置形式对提高复合土体强度大小有所不同，其贡献由大到小排序依次为：混合根系＞倾斜根系＞竖直根系＞水平根系＞素土。

（6）植被根系虽然对根系土的抗剪强度指标值有一定的提高作用，但由于先锋植物的根系深度有限，因此，总体来说，植被根系对边坡的力学加固作用有限。

第3章 根系土渗透性能室内试验

生态边坡中植被根系对土壤的水文效应同样不可忽视，根系对土壤的水文效应主要体现在使根系土的渗透性能的改变上，本章针对背景工程的生态边坡，采用室内变水头渗透试验，分析研究了不同含根量和根系分布方式对根系土渗透系数的影响，为进一步分析植被根系的水文效应和生态边坡的稳定性作准备。

3.1 生态护坡水文效应机理

植物能够调节靠近地面区域的气候和地下的水文情况，改变了植被生长区的水循环路径，从而改变侵蚀的过程，减少土壤侵蚀。植被主要是通过茎叶对降雨和径流削弱飞溅、拦截等以及浅根系对土体边坡加固效果，从而防止边坡水土流失，从理论上称之为生态护坡的水文效应。周德培等从水文和力学机制角度全面总结了植被对边坡稳定的影响，提出植物根系对土坡可以起锚固、加筋作用，植物还可以有效防止坡面冲刷、截留降雨。显然，根系的加固作用是显著的，但茎叶的降雨截流、抑制地表径流、降低孔隙水压力等水文效应，都对边坡的稳定性起着积极的作用。

3.1.1 植被的降雨截留

降雨过程中，部分雨水在还未达到坡面以前就被植被茎叶所吸收或排走，之后再向大气蒸发或落至坡面。茎叶可缓冲雨滴降至坡面的速度，削弱其能量和对土粒的冲击。

假定植被截留量 E 同降雨量 P 关系如下：

$$E(P) = \lambda(P) \cdot P \tag{3-1}$$

式中 λ——截留系数，是降雨量 P 的函数。

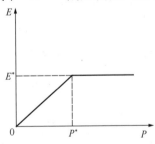

图 3-1 植被降雨截流量 E 与
降雨强度 P 的关系

植被的截留量与降雨强度有关。对于指定的植被种类及其叶面积指数 LAI，其降雨量 P 与截留量 E 的关系如图 3-1 所示，图中 P^* 为临界降雨量。

对于某一特定的植物，叶面积指数 LAI 及其植被覆盖度 veg，最大截留量 E^* 为一个常数，确定 E^* 的表达式如下：

$$E^* = a \cdot veg \cdot LAI \tag{3-2}$$

式中 a——叶片的平均最大持水量，大约在 $0.1 \sim 0.2\text{mm}$ 范围内变化。

由式（3-1）可知：

$$E^* = \lambda^* \cdot P^* \tag{3-3}$$

式（3-3）中，λ^* 表示最大截留系数，其值与植被覆盖度相等，即 $\lambda^* = veg$，倘若植被完全覆盖地表，那么 $\lambda^* = 1$，否则 $\lambda^* < 1$。

结合式（3-2）和式（3-3）得：

$$P^* = a \cdot LAI \tag{3-4}$$

由式（3-4）可以看出，植被种类和叶面积指数为决定 P^* 的主要因素。

结合式（3-2）和式（3-3），可以推求出截留系数 λ 和降雨量 P 的关系表示式为：

$$\lambda(P) = \begin{cases} \lambda^* & P \leqslant P^* \\ E^*/P & P > P^* \end{cases} \tag{3-5}$$

则式（3-2）可表示为：

$$E = \begin{cases} \lambda^* \cdot P & P \leqslant P^* \\ E^* & P > P^* \end{cases} \tag{3-6}$$

图 3-1 所示的植被 E-P 关系如式（3-6）表述，植被覆盖度 veg 为图中斜线部分的斜率，其值在 $0 \leqslant veg \leqslant 1$ 范围内变化。斜线部分的斜率越大，表示植被覆盖度 veg 也越大，则最大降雨截留量 E^* 也变大，但不影响临界降雨量。

3.1.2 植被的削弱溅蚀

雨滴以 7～9m/s 的平均降落速度对地表土进行强大的冲击，侵蚀地表的土体，并使土颗粒溅起而产生溅蚀现象，雨滴直接击溅裸坡的表层土，使土粒分散、破裂并迁移。数据显示，高空落下的雨滴着地时会产生很强的冲击力，击打着裸坡的表层土，破坏土体结构，这种强大的冲击力能将土粒溅起 0.6m 高或 1.6m 远，一场暴雨可溅起 2400kg/km^2 的裸露表层坡土，其中很多土粒随着径流流失。

距离地面 H 的高空处，假定有一质量 m 的雨滴落下，在不考虑空气阻力影响下，无植被抵挡直接下达地面时雨滴的动能表示为：

$$E_1 = mgH \tag{3-7}$$

假如有植被覆盖地表，这层植被高 h，当雨滴下落至植被茎叶上以后，雨滴的动能会被植被的缓冲作用全部消耗，使得雨滴停留在茎叶上，且速度减至为 0，假设雨滴又被分开为 n 个等质量的小雨滴，那么每个小雨滴下达至地表时的动能为：

$$E_2 = mgH \tag{3-8}$$

当地表是草本植物覆盖层时，其高度 h 可认为等于 0，则小雨滴下落至地面时的动能 E_2 也为 0，可以说草本植被完全抵抗住了雨滴的溅蚀。

3.1.3 抑制地表径流，控制土粒流失

边坡表层土体冲刷的主要动力源自于地表径流，径流的速度决定了土体冲刷的强度。草本植物茎叶生长茂密，覆盖度大，可以有效地疏散、削弱径流，还能改变径流路径。径流回旋流动于草丛间，让原本直流的径流路径，受到植物的影响变为了绕流。设 L 为径流程，v 为流速，那么径流历时为：

$$T = \frac{L}{v} \tag{3-9}$$

由于径流在草本植物茎叶间辗转流动，使得流程由原来的 L 增大到 $L+L'$，降低了水力坡度，加上茎叶阻截和分散径流的作用，又减缓了流速（即 $v-v'$），则径流历时变为：

$$T' = \frac{L+L'}{v-v'} \tag{3-10}$$

由此可见，坡面覆盖的草本植物有效地减小了地表径流，利于边坡的稳定。有调查研

究显示，在 340mm 总降雨量时，对于土壤冲刷量，农田为 $345g/m^2$，而草地为 $9.3g/m^2$，草地远远小于农田的冲刷量，表明植被能有效地抑制地表径流，从而较好地控制土粒流失。

另一方面，植物在生长过程中根系能从土中挤出通道，继而留出孔隙，使得根土接触面、根系通道及孔隙成为了径流渗入土体的新路径，进而根系改善了土的孔隙状况，增加土壤渗透性，分散水流及增加入渗，从而削减地表径流量。李勇等也指出植物能加强土壤的抗冲刷性能，直接原因是根系增强了土壤的抗冲力，而根系增大了土壤的渗透力间接提高了土体的抗冲刷性。

3.1.4　植被降低孔隙水压力

植物通过光合和蒸腾作用，使得根系吸取土壤中的水分，继而对土体内孔隙水产生张力。Fredlund 提出大多数植物能够对孔隙水施加的张力达 132MPa。植物在自身生长过程中，根系不断地汲取土壤水分，降低孔隙水压力，甚至使孔隙水压力达到负值。孔隙水压力的降低能够提升土体黏聚力，从而使得土体的抗剪强度增强，对边坡保持稳定有促进作用。

英国专家 Greenwood 采用现场试验研究植物的排水效果，结果表明，有植物根系范围内的土体，在冬天的整个雨季均维持负孔隙水压力。张莹[96]等通过试验，分别研究了 4 种草本植物和 4 种灌木的蒸腾排水作用发现，植物根系均能吸水和导水，且根系的发达程度与边坡土体的水分吸收和蒸腾作用密切相关，成正相关关系，且越发达的根系越有助于边坡稳定。

3.2　含根量对根系土渗透性的影响

渗透试验作为工程勘察中的一项重要试验，其所测得的渗透系数也是衡量土体力学性能的一项关键指标，研究土体的渗透性将很大程度上决定边坡的稳定性和安全运行。本章将通过室内变水头渗透试验，研究根系的加入对全风化花岗岩残积土渗透性的影响。

3.2.1　渗透试验的原理及方法

目前，室内外各种渗透试验均以达西定律为依据，达西定律表示为：

$$v = ki \tag{3-11}$$

式中　　v——渗流速度；

$\quad\quad i$——水力坡度；

$\quad\quad k$——渗透系数。

依据土体的性质及渗透性大小，确定采用常水头或变水头法测定饱和渗透系数。土体的渗透系数通常包括两类，即大于 $10^{-4}m/s$ 和 $10^{-4} \sim 10^{-7}m/s$ 内。一般地，常水头法被应用于透水性较大（大于 $10^{-4}m/s$）的砂性土渗透系数的测定；而变水头法则适合用于测定颗粒细小、透水量很少（$10^{-4} \sim 10^{-7}m/s$ 内）的黏性土的渗透系数，因为常水头法操作不便和难于准确测定。由表 2-1 可知全风化花岗岩残坡积土属于粉质黏土，故此次试验采用变水头法进行渗透试验。试验装置如图 3-2 所示。

3.2.2　试验材料

本次试验采用的土壤和根系均按照第 2 章论述的取样方法和地点，此处将不再重复

(a)　　　　　　　　　　　　　　　(b)

图 3-2　变水头渗透试验装置图

论述。

3.2.3　试验仪器

本次试验使用 TST-55 型渗透仪（南京土壤仪器厂）。用于测定砂质土及含少量砾石的无凝聚性土在常水头下进行渗透试验的渗透系数。TST-55 土壤渗透仪使用说明如下：

1. 渗透仪用途及使用说明

本仪器可供测定黏质土在变水头下渗透试验。

2. 渗透仪结构性能

仪器主要由上盖、底座、套座、环刀、透水石、螺杆等组成。本仪器不附供水设备。

3. 渗透仪主要规格

试样尺寸：$\phi 61.8\text{mm}$，高 40mm（30cm^2）。

仪器外形尺寸：$\phi 118$（管嘴除外），高度约 155mm，仪器净重约 3.5kg。

4. 渗透仪操作步骤

（1）把渗水石、密封圈放入底座中，将套筒内壁涂一层凡士林，放入土样环刀，刮净多余凡士林置于底座上。

（2）放上密封圈、透水石、上盖，旋紧螺杆，不得漏水漏气。

（3）把进水管口与供水装置连通，并通水排气放平仪器。

（4）在不大于 200cm 水头作用下，静置某一时间，待出水管口有水逸出后即可开始测定。

（5）试验时，将水头管冲水至需要高度后关管夹开动秒表，同时测记起始水头 h_1，经过时间 t 后，再测记终止水头 h_2，同时测记试验时与终止时的水温。

5. 渗透仪注意事项

（1）上盖出水管处橡胶管不宜套至根部，需留出 6mm 以上，以防止套筒受压。

（2）每次用完应擦净晾干，密封圈宜抹以滑石粉保存。

（3）切土环刀应妥善保管，防止刃口碰损。

3.2.4　试样制备

本次试验中试样的制备方法和步骤参照第 2 章论述内容。将烘干后的土过 2mm 筛，按照初始含水率 $\omega = 25\%$ 进行配置，分别加入所需质量的狗牙根根系，制取 7 组不同含根量（0%、0.1%、0.2%、0.25%、0.3%、0.35%、0.4%）的土样，控制孔隙比 $e =$

0.99，在试模（图 3-2a）中将复合体击实成为 70.7mm×70.7mm×70.7mm 的土样，在密封的塑料袋中静置养护 24h 后，从试模中取出土样，为了避免因土样边缘部分蒸发对试验的影响，切除试样底部和顶部各 1cm，再用环刀标准制样器（直径 61.8mm、高40mm），沿着竖直方向削取土样，并按照试验操作流程对制得的试样进行抽真空饱和，随后开始渗透试验。

3.2.5　计算方法

将制好的试样装入渗透仪中，并严格遵循《公路土工试验规程》中介绍的变水头法进行渗透试验。每组渗透试样读取 9 次读数，取其平均值，且待试验完成后，记录试验后各试样的含水率。试验中变水头管直径为 0.78cm，则变水头管截面积 a 为 0.4776cm^2，试样高度即渗流路径 L 为 4cm，试样面积 A 为 30cm^2，运用以下公式计算 T℃下试验饱和渗透系数 k_T。

$$k_T = 2.3 \frac{aL}{At} \lg \frac{h_1}{h_2} \tag{3-12}$$

式中　a——变水头管截面积，cm^2；

　　　t——时间，s；

　　　L——渗流路径，cm；

　　　A——试样的断面积，cm^2；

　　　h_1——起始水头，cm；

　　　h_2——终止水头，cm。

标准温度下，渗透系数 k_{20} 的计算公式如下：

$$k_{20} = k_T \frac{\eta_T}{\eta_{20}} \tag{3-13}$$

式中　k_T，k_{20}——水温分别在 T℃或 20℃时试样的渗透系数，cm/s；

　　　η_T，η_{20}——T℃、20℃水的动力黏滞系数，kPa·s。

3.2.6　试验结果及分析

按上述试验方法，得出不同含根量下的根系土渗透系数列于表 3-1。

不同含根量下的根系土渗透系数（20℃）　　　　　　表 3-1

含根量（%）	平均渗透系数（10^{-4}cm/s）	渗透系数增量（10^{-4}cm/s）	渗透系数增幅（%）
0	0.765	0	0
0.1	0.964	0.199	26.0
0.2	1.507	0.742	96.9
0.25	1.945	1.18	154.3
0.3	1.582	0.817	106.8
0.35	1.320	0.555	72.6
0.4	1.159	0.394	51.5

整理上述 7 个不同含根量的根—土复合体的渗透系数如图 3-3 所示。从表 3-1 可以看出，加入根系的复合土体的饱和渗透系数 k_s 均大于素土的，说明根系可以强化土壤的渗透性，且由图 3-3 发现，当含根量较低时，随着含根量的增加渗透系数增加，当含根量达

到 0.25％时到达峰值，其后渗透系数随着含根量的增加而减小。

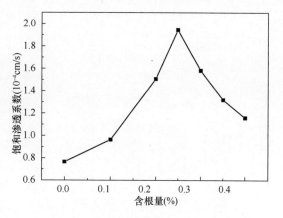

图 3-3　饱和渗透系数与含根量的关系曲线

产生此现象的主要原因在于，植物根系在粘结单粒土体的同时也分散了板结密实性土体，并利用根系转化并分解为腐殖质，使得这些土壤团聚体形成了具有良好团聚构造和孔隙状况的团粒结构，该团粒结构容易引起土质疏松，增大透水性，显著提高土壤的粗糙度、孔隙度和通透性能，从而大大改善土壤的渗透性。含根量较低时，增大植物根系的含量，会增加土壤的孔隙度，增大土体的渗透系数；而当根系含量增大到一定值时，根系又将之前分散的板结土壤慢慢密实地包裹起来，致使土壤的渗透性又在一定程度上有所减弱。根系的存在整体上提高了土体的团聚度，增加了水稳性团体的数量，增大了土壤的孔隙度，致使渗透系数增大。添加植物根系造成土壤渗透性增大的主要原理在于增大了土壤的抗冲力，抑制径流。

3.3　根系分布方式对根系土渗透性的影响

3.3.1　试验方法

在加强土壤的抗侵蚀、削弱土壤的冲刷等方面，植物根系的作用极为关键，但是植物根系的分布和盘结状态又将严重影响土壤的抗侵蚀强度。为了研究不同根系分布方式对土体渗透性的影响，将根系按照第 2.3 节叙述的四种根系布置方式进行变水头渗透试验。本次试验中的试样为直径 61.8mm，高 40mm，采用 3.2 节中使用的方法进行制样，这里不再重复阐述，但需补充说明：

（1）试验控制含根量为 0.1％，配置的土样初始含水率为 25％，制样控制孔隙比 e 在 0.99 左右，即每个试样只是根系布置方向不同。

（2）制作水平、竖直和倾斜的根系试样各 1 个，并进行渗透试验，记录试验数据。

（3）此处只进行水平、竖直和倾斜放置的根系试样的变水头渗透试验。

3.3.2　试验结果及分析

分别对孔隙比 $e=0.99$、含水率 $\omega=25\%$、含根量 $G=0.1\%$ 的不同根系分布方式的根—土复合体试样进行渗透试验，测试不同根系分布方式的根系土，其渗透系数详见表 3-2。

不同根系分布方式的根系土渗透系数　　　　　　　表 3-2

根系分布方式	平均 k_s（10^{-4}cm/s）	k_s 增量（10^{-4}cm/s）	k_s 增幅（％）
素土	0.765	0	0
水平根系	0.903	0.138	18.0
竖直根系	2.213	1.448	189.3
倾斜根系	1.250	0.485	63.4
混合根系	0.964	0.199	26.0

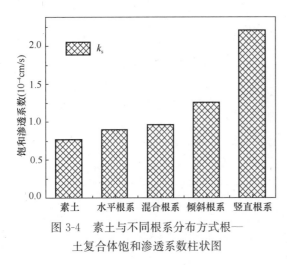

图 3-4　素土与不同根系分布方式根—
土复合体饱和渗透系数柱状图

根据表 3-2 中所列的饱和渗透系数 k_s，采用柱状图表示，如图 3-4 所示。

从表 3-2 和图 3-4 可以看出，不论根系分布方式如何，加入根系的复合土体的渗透系数均大于素土的，说明根系可以强化土壤的渗透性；不同根系分布方式的试样，渗透系数增幅也不相同，范围在 18.04％～189.28％，说明不同的根系分布方式对增大土壤渗透性的贡献大小不同，其顺序依次为：竖直根系＞倾斜根系＞混合根系＞水平根系，这点由柱状图也可看出，按这一顺序柱状依次增高。

产生这一现象是因为，根系能够增强土壤团聚体的整体性，增大土壤中大粒级水稳团粒的数量，因此，可明显提高土壤的通透性。根系与土的接触面形成了一条新的通道，而不同的根系分布方式使根—土复合体的渗流路径遭到改变，进一步结合达西定律 $k=v/i$，确定水力坡度 i 相同时，渗透系数 k 随渗透速度 v 的变化规律。试验中渗透总水量是一定的，渗流路径小则水从水力梯度上方到达下方的时间也短，即渗透速度 v 更大。在这里根系不同的分布方式中，渗流路径从小到大排序为：竖直根系＜倾斜根系＜混合根系＜水平根系，所以不同的根系分布会对土壤的渗透性的变化产生不同的影响，进而对土壤抗冲性产生不同强度的影响。

3.4　草本植物截留量的统计研究

植物茎叶能够截留降雨、抑止地表径流、削弱溅蚀等，降落的雨水部分被植物茎叶吸收和茎叶所形成的"薄膜"截留排走，部分落入枯枝落叶层，下渗至土壤表层形成径流，这种分配，可以避免雨水直接冲刷坡面土壤，使得大部分降雨被植物和土壤吸附，预防和控制水土流失，进而起到稳固边坡的作用。对前人草本植物茎叶吸水和截留进行统计，旨在为进一步完善生态护坡技术及其应用提供参考依据。

由于植被茎叶的吸收作用，部分雨水降落在植被茂密的茎叶上并被短暂性地储存起来，而未直接渗入土壤内，之后待蒸发返回到空气中或沿着叶片搭接所形成的天然"薄膜"排至坡底，这部分水量称之为截流量。目前对于植被茎叶吸附的水量主要是通过室内浸泡法求出其最大吸水率，浸泡法的核心内容是将植被茎叶浸渍于水中，然后分别记录浸水前后的茎叶质量，得出最大吸水率＝(吸水后茎叶质量－吸水前茎叶质量)/吸水前茎叶质量，最后换算出茎叶的降水截留量＝(每个样方茎叶的平均质量×最大吸水率)/样方面积。而对于植被排走的部分水量主要是通过野外模拟降雨试验法，即选定试验区，让一定的水量均匀降落在试验区内，记录降水量与茎叶排出的水量，进而换算出植被茎叶的截留量，并计算出其截留率。

最早，张金香和钱金娥[94]在野外山坡上，采用人工降雨模拟法实测太行山区覆盖度

70％以上草本植被的截留作用，试验结果表明，在 20mm 的降雨量下的植被总截留量达到饱和状态，为 4.56mm。

卓丽等[14]通过吸水法测定结缕草枯草层的截留量时，发现其截留雨量的最大值为5.5mm，最小值为 4.8mm，均值达到 5.0mm；再采用人工模拟降雨试验，测得小于 2mm降雨量时，雨水可被枯草层全部吸收，降雨量达到 6mm 以后，截留量稳定在 4.8mm 左右；总降雨量 20mm、雨强 0.47mm/min 的前提下，该枯草层能够截留 5.1mm 的雨量，然而雨强达到 2.99mm/min 时，其截留雨量降至 3.6mm。

代会平等人对紫穗狼尾草和狗牙根采用室内浸泡法测定其茎叶的最大持水率，试验结果表明，紫穗狼尾草和狗牙根的最大截留量分别可达 5.12mm 和 1.35mm[95]。

张莹等[96]采用室内茎叶浸泡法测定西宁盆地地区披碱草、赖草、细茎冰草及偃麦草的最大吸水率，试验测得这 4 种草本植物最大吸水率分别为 28.9％、10％、21.8％和33.6％，对应的截留量分别为 0.65g、0.47g、0.34g 和 0.99g；随着生长时间从 3 个月增加到 5 个月，不同植物截留量和截留率有不同程度的增加，以偃麦草为增量最大，其截留量从 0.7mm 增大到 1.14mm，相当于从可截留 35％增大到 57％的降雨量。

李学斌[97]选定荒漠草原上的蒙古冰草、甘草、沙蒿、赖草和杂类草为植被，通过室内浸泡法表明这 5 种植物的最大持水量在 5.5～12.4g/m² 不等，而野外降雨截留试验的结果表明，枯落物的截留雨量介于 3.36～5.27mm 内，截留率达 3.40％～6.82％。

另一方面，李学斌[97]等还在宁夏盐池县草地进行原位试验，测定荒漠草原上 4 种草原植物枯落物层对降雨的截留量，数据表明枯落物层能够截留 4.58％～5.61％的雨量，年截留量达到 22.77～27.87mm；且低于 2mm 的降雨量被植物枯落物层 100％截留，高于 2mm 的降雨量其截留率为 6.5％～71％。

综合上述学者对草本植物截留量的研究成果，对模拟降雨试验方法测得的草本植物截留量和截留率总结见表 3-3。

草本植物截留量及截留率 表 3-3

作者	试验方法	植被类型	最大截留量及对应的截留率	最小截留量及对应的截留率	平均截留量及对应的截留率
张莹，毛小青等	模拟降水试验法	披碱草、赖草、细茎冰草、偃麦草	1.14mm	0.46mm	0.8mm
			57％	23％	39.90％
卓丽，苏德荣等	人工模拟降雨试验	结缕草枯草层	5.1mm	3.6mm	4.8mm
			25.50％	18％	24％
张金香，钱金娥	人工模拟降雨试验	黄背草、白羊草、荩草等	4.56mm	1.98mm	3.57mm
			39.60％	22.80％	31.38％
李学斌等	野外原位试验	冰草、赖草、甘草和沙蒿植物枯落物	5.27mm	3.36mm	4.18mm
			6.82％	3.4％	5.03％
总计		截留量	5.5mm	0.46mm	2.95mm
		截留率	57％	3.4％	15.80％

由表 3-3 可看出，草本植物茎叶平均截留量为 2.95mm，相当于平均可截留 15.8％的雨量。

3.5　本章小结

本章采用变水头渗透试验，分析研究了不同含根量和根系分布方式对根—土复合体的渗透系数的影响，结合试验分析，得出了以下结论：

（1）添加植物根系能够增加土壤的孔隙度，提高土体的通透性，显著改善土壤的渗透性，这对于植被的生长是有利的，但对于边坡的稳定性来说是不利的。

（2）增大根系的含量，能够提高土壤的孔隙度，从而增大土体的渗透系数。当含根量较低时，随着含根量的增加渗透系数增加，当含根量达到 0.25％时到达峰值，其后渗透系数随着含根量的增加而减小。

（3）不同的根系分布形式对增大土体渗透性的贡献大小不同，其顺序依次为：竖直根系＞倾斜根系＞混合根系＞水平根系＞素土。

（4）统计前人对植被截留的研究成果可知，草本植物茎叶平均截留量为 2.95mm，相当于平均可截留 15.8％的雨量。

第4章 生态边坡降雨模型试验

经过前面的室内直剪试验和渗透试验研究，对根系土的力学特性和水力学特性有了一定的认识，但鉴于生态边坡系统的复杂性，室内试验对其稳定性研究来说是不够的，本章及下一章在总结边坡稳定模型和入渗模型的研究成果的基础上，设计一套适用性强的生态边坡降雨入渗试验模型，用于背景工程生态边坡降雨条件下的渗流场和稳定性研究。

4.1 边坡模型试验研究的意义

边坡稳定性研究方法有现场原位试验、室内模型试验和数值模拟等多种，其中以现场试验难度最大，不确定因素较多，但其试验结果最为真实可靠；数值模拟方式则相反，难度最低，整个研究可以完全在室内通过计算机终端完成，但其成果与现实相比具有一定差距，说服力较弱；室内模型试验方法和前两者对比之下有着扬长避短之处，既采用较容易达到的模拟方法，又可以得到较为真实的成果。

降雨是影响土质边坡稳定性以及导致边坡失稳破坏的最主要和最普遍的环境因素[99]，降雨诱发的滑坡约占滑坡总数的90%。降雨入渗时，边坡稳定性是一个牵涉到饱和—非饱和状态下水的渗流、土中含水量变化及土体强度变化的复杂问题。雨水入渗会对岩土体产生静水压力和动水压力，破坏边坡的应力平衡，减小斜坡的抗滑力，增大下滑力；同时，含水量的增加会降低边坡土体的基质吸力和抗剪强度，容易导致滑坡发生[100]。例如，某高速江西段地处赣南，为多山的丘陵地带，气候多雨，在边坡开挖施工及边坡植物生长的各个时期（尤其是初期）容易发生滑坡、溜塌等地质灾害，如图4-1所示。

选取典型地质条件，以全风化花岗岩土为代表，如图4-2所示，采用模型试验的方式，系统地对生态边坡的降雨入渗规律、稳定性影响因素以及稳定性分析方法上进行研究，可为背景工程的高边坡生态防护安全评价和设计优化提供有力保证，也能为类似工程高边坡生态防护设计提供参考依据。

图4-1 工程溜塌现场图　　　　　图4-2 全风化花岗岩土

4.2　边坡模型试验研究现状

边坡的模型试验方面，前人取得了较多的成果，但其中也存在一些不足与分歧。孔令伟、陈正汉[101]认为土质是土的工程性能的决定性因素，对于边坡，不同土质下抗重力影响能力不一，特别是对于特殊土而言，表现更为明显。而杨俊杰等[73]对砂土客土及粉土客土进行了模型试验对比，其模型将两种土分别以 5 种厚度试样以抬起方式进行试验，试验表明砂土与粉土均表现出边坡坡度越大，边坡上客土的失稳厚度越小的规律，得出边坡的破坏模式与客土的土质无关的结论。由于此试验仅以两类土进行对比，就直接得出破坏模式与土本身无关的结论具有一定的片面性，论据不够充分，但该试验模型方法对于研究客土而言简便且易操作（图 4-3），对此后该类研究提供了一定的参考价值。胡利文和陈汉宁[70]提出了一个针对生态边坡的稳定性的理论计算公式，通过了解坡面参数如坡度、厚度和土体参数等数据计算坡体可靠度。边坡角度变化是重力场变化的主要因素，卢坤林等[102]就采用一个可抬起式模型槽，可模拟 30°、45°和 60°共 3 种坡度（图 4-4），试验通过抬起模型槽使其倾斜并观察了边坡的失稳破坏过程，试验观测得出失稳从坡顶开始，坡度越陡起始破坏位置离坡面越近，随坡度的加大，最后导致滑坡的冲击位移也随之变大，该模型为今后研究整体边坡的角度极限状态提供了较有利的借鉴。前人也常利用离心机技术进行边坡模拟，以达到模型相似条件，利用离心机技术建立了一系列的离心模型试验方法，姚裕春等[103]模拟研究边坡开挖迁移对边坡稳定性的影响，其中就运用该技术手段进行研究，试验结果表明，由于边坡开挖对坡体上土体扰动影响的客观存在，对边坡自身以及周边边坡稳定性有一定的影响，但对于土质的强度较高或为较完整的岩质边坡而言则影响较小或可忽略不计。李明等[104]则利用室内小型机具模拟出了土质边坡的开挖施工过程，结合离心机研制了一套新型的室内模型试验设备，试验测得边坡开挖所引起的破坏从边坡下部开始，逐步向上发展，坡面出现的裂缝不断往下延伸贯通形成整体破坏。

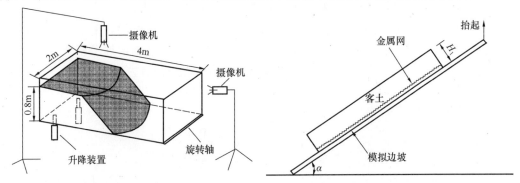

图 4-3　杨俊杰客土试验模型简图　　　　　图 4-4　卢坤林抬起试验模型简图

在边坡抗冲刷方面，沈水进等[105]运用沟槽冲水的物理模型试验方式演示了黏性碎石土和粉质碎石土两类边坡在雨水冲刷侵蚀下的破坏发展过程（图 4-5），得出边坡在降雨的持续作用下，雨水对边坡的冲刷作用和雨水在坡体内的渗流作用是会相互促进和影响的，它们之间的相互耦合作用加速了边坡的侵蚀破坏，试验也验证了理论推导的可靠性和合理性，但该试验只适合推导天然边坡或未处理的边坡。而更多学者在植被种类和固土类型上都做了大量的室内模型试验研究。裴得道等[106]就利用简单的水池造浪法，在室内研究生态护坡植被混凝土浅层在水库涌浪下被侵蚀的规律，对水库消落带防护所采用的生态护坡加混凝土混合防护抗冲刷研究起到一定的奠基作用，但该方面的研究属于特殊地的边坡稳定，所需考虑因素较多，目前的研究还未能得出较好较完善的成果。杨晓华等[107]针对黄土土质边坡在土工格室防护下的抗冲刷能力进行模型试验的对比研究，以冲刷收液的形式测得水中含沙率从而计算冲蚀量，试验现象表明在格室的防护作用下坡体表面不会产生连续的径流沟槽，与未采用护坡的坡面进行对比，可以减少约 40% 的冲蚀量，该试验只单独研究了土工格室在抗冲刷中的效果，取得一定依据，但结论较为单一。汪益敏等[108]在生态防护边坡研究中，对新喷播的客土和植物生长一定期间后的土坡进行冲刷试验，得出客土早期抗冲刷能力与植物生长后土坡抗冲刷能力比较，评价了喷播技术对边坡抗冲刷能力的贡献，该研究主要针对的是客土施工以及草本植物早期生长阶段的抗冲刷。程晔等[109]则更为系统地分析了生态护坡后期稳定，主要研究了各生态物种与固土形式的作用，对高羊茅、狗牙根和蟛蜞菊三种草本植物和 CF 网、三维网、土工格式和复合网进行了各种形式的组合，建立了组合模型试验（图 4-6），分析得出三类草本植物在抗冲刷过程中的优缺点，以及各种固土防护下多增设 CF 网的抗冲刷能力效果提升。程日盛[110]也运用不同的植被组配、不同雨强以及不同的降雨历时组合进行边坡模型试验，但试验分析只是较为粗略地定性得出结论，指出边坡绿化施工阶段客土基材选取和养护的重要性以及应注意的细节事项。赵明华、蒋德松、张永杰等[111-113]将室内试验和室外试验成果进行对比研究，更进一步地了解了生态防护的作用，该试验选用菱形铁丝网、三维网垫以及土工格室 3 种不同类型的固土形式；采用百喜草、高羊茅、百慕达 3 类草本植物防护相互组合的方法，分成 9 个防护类型进行试验，试验分别研究了 38°、48°和 58°共 3 种角度，采用 4 级降雨的方式进行不同降雨强度测试，并收液分析，试验表明网状固土结构本身抗拉强度决定了该固土类型抗冲刷能力的好坏，而草本植物生长发育后，根系与网状结构纠结成体系，形成一个抗拉强度更好的板块结构保护层，对于角度而言边坡达到某一临界角[114]后，边坡土体的冲刷量随坡角的增大而减小，此类试验相对之前几类而言在技术和理论方面都更趋于成熟。

图 4-5　沈水进冲刷试验模型样式图

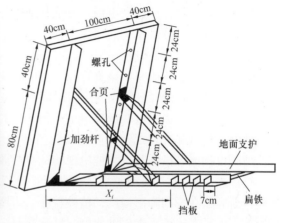

图 4-6　程晔、赵明华等人冲刷试验模型简图

4.3　边坡入渗模型试验研究现状

土的工程性状与水是密不可分的，不同的土在不同含水率下其力学性能指标也差别很大。大量试验也表明：降雨或外来水侵入是造成众多地质灾害的最主要的原因[115-118]。而滑坡是边坡工程较为常见也是造成人员和财产损失较大的地质灾害之一。随着我国道路交通以及其他设施的健全发展，广阔的山地被开发利用，这也带来了大量的滑坡等地质灾害的可能。因此针对边坡内水的入渗研究对解决降雨导致边坡的不稳定，显得尤为关键。

巫锡勇等[119]就提出边坡客土的稳定性与降雨类型、坡度的陡缓、坡面形式、土体类型以及厚度之间存在一定的关系。进行理论建模分析，得出渗透系数大且薄的客土层，在受到短历时的大雨时对客土层的破坏性强，而对于渗透系数较小且客土厚度较厚的，长历时的小雨则会对坡面的破坏更为明显，所以对于不同降雨条件所应采用的防护形式或措施也应有所不同。

王亮等[120]运用一个试验土槽研究客土表面渗流对其稳定性的影响，建立了一个稳定渗流模型，试验以同种客土在渗流与非渗流试验条件下进行失稳角度对比，监测结果表明随着渗流的产生与发展，客土的稳定性逐渐下降，甚至达到滑坡破坏，证明渗流对边坡浅层稳定影响是很大的。

冯宏等[121]用一个土箱模拟 0°、2°和 7°三类地面坡度滴灌入渗试验，研究了三类不同地面坡度下水分的运动规律，试验结果得出，滴灌点下水的入渗深度和时间呈现出幂函数的关系，最大湿润锋深度会随着坡度的加大而增加，且最大湿润锋深度的位置也会随坡度的改变而偏移。

吴希媛[122]等运用两个木质试验槽，在温室内模拟人工降雨的方式对不同降雨强度下的早熟白菜覆盖坡的入渗、径流量进行综合研究，得到坡面上超渗产流和蓄满产流两个概念，证明边坡水的入渗和径流在时间上两者是相互关联、相互制约的关系。

黄涛等[123]以压力盒测量降雨过程中滑动面上的滑动推力的方式进行室内渗流试验，分别研究了边坡坡面降水、边坡后缘的充水以及前缘的涨水入渗后水量与边坡蠕滑变形位移量的关系，以累积入渗雨量的方式评价和预测边坡的稳定性，试验得出入渗水量大且快时边坡的破坏也快，反之则更慢，该试验理论分析上较为充分，但试验本身较为粗糙，如降雨方式还在采用喷淋喷头的形式。

朱宝龙等[124]以固体废弃物边坡为研究对象，建立了一个以一定废弃物组成含量的特殊土边坡模型，试验研究了该类特殊土边坡的变形及破坏模式，得出此类边坡变形从降雨初始几乎完全吸水阶段到降雨达一定时间后的变形的快速增长阶段、停雨后边坡变形的快速增长阶段到停雨后边坡变形稳定至停止变形的整个阶段全过程，分析出降雨作用过程中该边坡的变形量和破坏规律，并建议此类型边坡坡面应采取坡面植草和浆砌片石护坡处理、坡脚设挡墙等措施防止可能出现的试验滑坡现象。

肖成志等[125]通过模型正交试验（图 4-7）综合分析各项因素对生态防护边坡浅层的影响，研究了在不同降雨强度、植被盖度、边坡坡度、土体类型和网垫种类这一系列因素的影响下的生态边坡入渗侵蚀比例，试验表明三维网生态护坡会增加边坡的入渗侵蚀，但也能够提升边坡浅层土体的抗剪强度。由于该试验所用模型尺寸较小，对于研究入渗侵蚀可能存在一定的边界效应，影响分析结果。

除模型大小对试验本身产生影响外，采用何种检测技术对试验而言也较为关键。林鸿州等[126]将张力计测算土中含水率技术应用于模型试验中，建立了一个较大型的探索粉细砂边坡的模型试验（图 4-8），分别进行了高低强度雨强测试，研究表明高雨强降雨易产生冲蚀，而产生滑坡的主要是低雨强降雨，并提出"门槛累积雨量"的概念，说明累积雨量是滑坡成因的重要参数，提出将累积雨量作为工程预警的重要参数指标且运用该参数有助于评估降雨所带来的地质灾害的评级，但该试验采用的张力计测量孔隙水压力需几小时甚至几天读数稳定时间[127]，所以该法对于需实时监测水势变化试验不太可取。

图 4-7 肖成志正交试验模型示意图

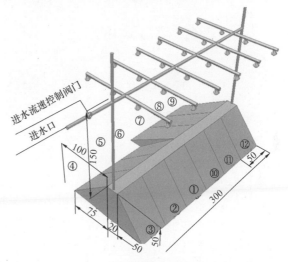

图 4-8 林鸿州模型试验装置图

王福恒等[128]利用人工降雨装置和土工模型对黄土路堤边坡在降雨入渗下的入渗率和湿润锋变化规律进行研究（图 4-9），此试验将大型边坡模型放入室内，采用钢尺在模型边裸露侧面按坐标进行丈量测定湿润锋的高度，含水量采用高精度土壤水分测定仪测定，试验结果表明湿润锋均为规律性的分层压实阶梯形状，随降雨时间的增加而向下延伸发展，入渗率和土的压实度有关，压实越紧密，土的渗透性越差，入渗率也越低，随降雨时间的增加，入渗率逐渐减小，不同的雨强对平均入渗率影响不大，该试验对降雨入渗规律研究的检测方法简便可行，可以较好地达到研究目的。

李焕强等[129]通过构建不同坡度边坡模型（图 4-10），运用光纤传感技术对坡体水分分层进行监测，测得不同坡度在降雨条件下各坡层的含水率和坡前推力，试验得出降雨对角度小的边坡变形及推力影响较快，但入渗发展速度和变化幅度都小，而角度大的边坡由于排水较快，变形和推力影响较慢，但是其发展快、幅度大。该试验降雨边坡未达到破坏，只是测

图 4-9 王福恒入渗试验模型示意图

图 4-10　李焕强试验模型装置图

定降雨过程中一系列数据变化，如含水率和坡前推力，未进行边坡破坏模式或破坏形态等深入研究，由于所采用设备是运用光纤传感技术与文献[128]相比，试验便捷且所得数据精确，但成本较高、维护不便，利用该模型更适合进行更为深入的降雨边坡浅层破坏入渗机理研究。

罗先启等[130]在各个系统中都运用了更为先进的技术设备，一整套较为完善的全自动模拟和检测体系，利用这一系统能够较好地模拟某边坡工程的地质水文条件，通过试验得出了导致该边坡工程滑坡情况下的各类边界条件。试验很好地模拟了自然降雨条件并且在数据采集方面更加便捷精准，大大减少了误差，但是该设备成本高，不能服务于普遍的室内模型试验。

钱纪芸、姚裕春等[131,132]利用离心机所能达到相似的目的，将人工降雨技术与离心机技术相结合，设计了一套边坡离心机降雨模型试验，提出雨水入渗引起边坡土体内含水率的改变是造成边坡破坏的主要原因；试验推导出两类破坏类型，第一类是由小含水量引起的土坡拉裂破坏，第二类是土体内含水量过大引起的局部或整体滑塌破坏，降雨过程中土体位移场的发展随雨量增大而形成集中区域，随着浅层位移破坏雨水加快入渗，很可能由第一类破坏转变成为第二类。姚裕春[132]利用损伤力学的原理得出边坡稳定临界含水率的概念，此指标是衡量边坡发生何种破坏的判断依据。

4.4　生态高边坡降雨模型设计

4.4.1　模型方案的研究目的

进行室内模型试验的目的是将一些在工程现场中规模较大、工艺较为复杂以及现场条件具有复杂随机变化性的研究工作带入室内，用模型的方式取得与工程中紧密相关的系列参数。模型试验虽然不能够作为施工设计的根本依据，但通过模型试验可以对实际工程进行工艺优化、参数比选，成为实际工程的指导依据。因此，针对边坡模型试验中存在的一些不足，设计了一套可应用于大多数边坡工程的模型，其目的和特点如下：

（1）可针对不同土类、不同固土类型、不同坡度、不同降雨强度等条件下的边坡进行降雨入渗试验。

（2）模拟边坡在不同降雨条件下边坡的入渗情况、稳定性情况以及水土流失情况等。

（3）能够自由调控降雨强度的大小，且能够较好较真实地模拟室外自然降雨。

（4）方便对不同形式边坡破坏模式、边坡土体内水分变化状况、降雨或其他形式水的入渗规律等进行模拟试验。

4.4.2 模型试验装置设计

室内模型试验在江西理工大学土工试验车间内进行，该试验场地为室内无风场地。试验模型由人工降雨设备、边坡模型框以及试验检测系统等几个部分组成，如图 4-11 所示。

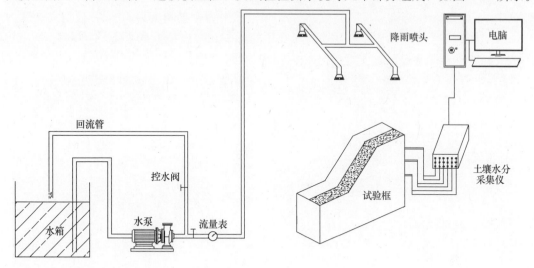

图 4-11 边坡降雨模型设计简图

1. 人工降雨系统

降雨主要由储水箱、自吸式水泵、控水阀、流量表、一体式实心锥形降雨喷头、管路及分水系统等组成。将试验用水注入储水箱中，试验过程中不断补水，以确保充足的试验用水量，用管线连接各设备，水泵出口处设控制阀门和回流管线，通过调节水阀来控制喷嘴流量以及使得自吸式水泵正常功率工作，增压水泵根据所需模拟降雨强度大小来选取参数类型，本试验选用的是转速 2860r/min、功率 750W 的单相自吸泵。

为尽可能使模拟的降雨更加均匀，所以等距地设置两行两列 4 个降雨喷嘴，由供水主管从中间位置将水分散到其他供水支路中，如图 4-12 所示；设计双人字形支架，使管线和喷嘴架设到设计标高上，支架采用可拆卸式设计方法，以便于使用时的拆装或改装，材料用槽钢焊接和螺栓连接。以上设备组成模型中的人工降雨设备，该设备可进行不同雨强的模拟。

图 4-12 模型降雨系统

2. 模型框

试验模型框设计为了能满足模拟工程上各类坡度，且能够避免边框高出部分抵挡降雨，而造成边坡模型内部不同位置处的落水不均匀性，所以将侧边边框设计成与边坡土体边缘的形状相一致的形式。整框用钢板和槽钢焊接制成，模型框底部焊接 4 个铸铁轮，以方便搬运移动。模型框两侧用 12mm 厚的钢化玻璃作为侧板，玻璃边框上可贴有皮尺标的，以便于试验过程中降雨或其他形式的水入渗规律变化（湿润锋）观测，模型框中间用钢隔板隔开，用以更好地进行模型试验的正交试验研究。该模型可用于针对不同固土或防护形式边坡效果对比研究、不同土质边坡入渗规律研究或是其他不同类别边坡对比研究，如图 4-13 所示。本模型为了更真实地模拟工程实际，所选用尺寸较大，坡脚长为 50cm，坡长 100cm，模型框底部至坡脚高度都为 80cm，模型每个槽宽度为 50cm，模型总宽度为 100cm。为使降雨或其他水入渗不受空间气压的影响，在模型框底板上均匀设直径 5mm 的散气孔，模型框背板按需预留孔洞，以方便埋设传感设备，如图 4-14 所示。

图 4-13 模型框样式图（一）

图 4-14 模型框样式图（二）

3. 试验检测系统

试验检测采用人工测量和电子实时检测相结合的形式。降雨强度测量采用 SM1 型专业量雨器及雨量筒（图 4-15），采用流量表控制和观测 6 点平均实测值的方式进行雨强控制调节，即以流量表读数控制出水量，再用雨量筒在降雨系统下 6 个点测降雨强度值并取平均，该值则为实际降雨强度。试验采用 0.11mm/min 和 0.18mm/min 两类降雨雨强进行比较试验，此降雨强度对应于国家标准降雨强度等级为 24h 持续降雨为暴雨及大暴雨等级雨强[133]。边坡土体内分层埋设土壤水分仪探头，各埋设具体位置坐标尺寸如图 4-16 所示，通过探头连接的水分采集仪收集实时数据保存至电脑中，如图 4-17 所示。试验中从两侧边框贴尺中读取湿润锋 Z_f 深度，为了更准确地分析坡体内不同位置处的入渗情况，在侧板每边各测 5 个测点作为试验参考，分别为坡底、坡趾、坡中、坡肩以及坡顶 5 个测点位置，如图 4-18 所示。

图 4-15 SM1 型雨（雪）量器

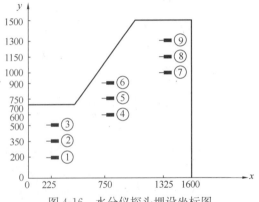

图 4-16 水分仪探头埋设坐标图

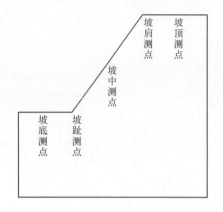

图 4-17　18 路土壤水分采集仪　　　　　　图 4-18　湿润锋测点位置图

4. 边坡填筑及防护草本

为确保试验用土均匀和初始含水率的统一，采用先烘再铺的方式进行分层铺土，烘土设备采用江西理工大学车间试验室内的 HFBS 型标准养护室（图 4-19），对供试用土进行烘干处理，将试验用土的含水率控制在 10%～13% 之间。供试用土通过 24h 的烘干后将其均匀地分层填铺在试验框内，每层实铺 15～20cm，并用自制夯土锤夯实（图 4-20），按照设计密度夯实，夯实后每层厚度约为 10cm，每一层土填铺好之后用环刀取样，将取样环刀在电了秤上称重并计算夯实后土体的密度，符合规定的继续下一层的填筑，不符合的需继续加夯。模型试验采用正交法，对比裸坡和生态边坡两类固土类型，生态植被护坡所采用的草本植被为工程上常用的狗牙根草，各分组试验所用植被的盖度均相同。

图 4-19　HFBS 型标准养护室　　　　　　图 4-20　铺土用夯锤

5. 试验用土

本研究项目主要依托某高速公路江西境内赣州段，该工程地处赣南丘陵与低山地貌区，全长 60.834km。该路段中以全风化花岗岩土为主要分布。试验土取样深度为 5m，通过室内试验，将所取的土样进行筛分、液塑限等试验得到土壤颗粒组成及其他主要的物理性质指标，详见表 4-1、表 4-2，该土的级配曲线如图 4-21 所示。

龙南地区全风化花岗岩土的主要性质指标　　　　　　　　　　表 4-1

天然密度 ρ（g/cm³）	土粒比重 G_s	天然含水率 ω（%）	液限 W_L（%）	塑性指数 I_P	天然孔隙比 e
1.68	2.71	25.08	46.84	13.34	1.02

龙南地区全风化花岗岩土的颗粒的机械组成　　　　　　　　　表 4-2

孔径（mm）	0~0.075	0.075~0.315	0.315~0.63	0.63~1.18	1.18~2.5	2.5~5	大于 5
所占比例（%）	0.37	22.28	15.07	20.73	9.29	25.35	6.91

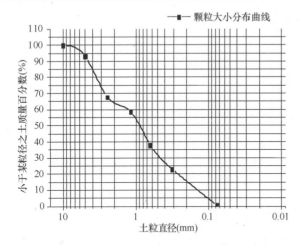

图 4-21　龙南地区全风化花岗岩土级配曲线

4.4.3　试验操作步骤

为保证每组试验均匀一致，试验过程必须规范化处理，一次模型试验中具体操作过程如下：

（1）将人工降雨装置调节到设计雨强，采用 6 点平均测量法用雨量器测取人工降雨装置下 6 个点的降雨强度，并计算出均值，以保证雨强的均匀度和准确性，由此法测取的雨强值均匀度可以保证在 80% 左右。

（2）准备所需填筑边坡的试验用土，配合所需控制的密度预先估计所需的土量，利用烘干室对试验所需用土进行烘干，并在填筑前测其平均含水量，确保供试用土达到试验设计含水率要求。

（3）分层铺土，按每层厚度为 10cm 进行填铺，铺土过程如图 4-22 所示。每层填筑时，先准备好每层铺土所需用土，将用土在试验框内均匀抛撒并用夯锤均匀夯实，夯实由四周向中间进行，以确保均匀性。

图 4-22　铺土过程

（4）每分层填土完成后，利用环刀在夯实范围内平均取样，用电子秤测得夯实土层的密度，严格按照设计密度进行铺土，本试验密度控制在 $1.49 \sim 1.57 \mathrm{g/cm^3}$ 之间，若未达到设计值，加适量土继续夯实处理，直到达到设计值。

（5）每层铺设完毕后在表面找毛，确保上下两层土体能够紧密地结合。

（6）在模型框壁上标注好需埋设土壤水分仪探头的位置，当土填铺到设计位置时，将探头埋设入土中。

（7）初填完成后进行削坡处理，使填筑边坡平整且两槽一致。

（8）对试验设计所需进行固土防护的坡土进行加固，本试验为进行生态植被防护。

（9）完成填铺后按照预先设定的雨强进行试验，用土壤水分采集仪采集收录边坡土体内含水率变化情况，在模型框正面安放一台摄像机或定时照相机，检测边坡破坏情况，两边采用人工测量手段，每5min进行一次湿润锋深度测量。

（10）完成试验，整理数据。

4.4.4 模型试验工况

人工降雨模型试验共分8组，依次分别为：第一组为坡度1：0.75雨强0.11mm/min植草边坡、第二组为坡度1：0.75雨强0.11mm/min裸坡、第三组为坡度1：0.75雨强0.18mm/min植草边坡、第四组为坡度1：0.75雨强0.18mm/min裸坡、第五组为坡度1：1.5雨强0.11mm/min植草边坡、第六组为坡度1：1.5雨强0.11mm/min裸坡、第七组为坡度1：1.5雨强0.18mm/min植草边坡、第八组为坡度1：1.5雨强0.18mm/min裸坡。可分别对不同类型坡体、不同降雨雨强以及不同坡度进行比对，试验分组情况见表4-3。

试验分组及工况　　　　　　　　　　　　　　表 4-3

试验组次	坡度	降雨强度（mm/min）	坡体类型
第一组	1：0.75	0.11	生态植被边坡
第二组	1：0.75	0.11	裸坡
第三组	1：0.75	0.18	生态植被边坡
第四组	1：0.75	0.18	裸坡
第五组	1：1.5	0.11	生态植被边坡
第六组	1：1.5	0.11	裸坡
第七组	1：1.5	0.18	生态植被边坡
第八组	1：1.5	0.18	裸坡

4.5 本章小结

总结边坡稳定模型和入渗模型的研究成果，比较了各种模型的优缺点和适用范围，在此基础上设计了一套适用性强的生态边坡降雨入渗试验模型，得出了以下结论：

（1）边坡稳定性研究方法有现场原位试验、数值模拟和室内模型试验等多种，其中室内模型试验有着不可比拟的优势，既采用较容易达到的模拟方法，又可以得到较为真实的成果。

（2）生态边坡降雨模型试验装置由人工降雨设备、边坡模型框以及试验检测系统等几个部分组成，具有结构并不复杂但功能强大的优良性能。

（3）生态边坡降雨模型试验装置能够针对不同土类、不同固土类型、不同坡度、不同降雨强度等条件下的边坡进行降雨入渗试验；能够模拟不同降雨条件下边坡的入渗情况、稳定性情况以及水土流失情况等；能够自由调控降雨强度的大小，且能够较好较真实地模拟室外自然降雨；同时方便对不同形式边坡破坏模式、边坡土体内水分变化状况、降雨或其他形式水的入渗规律等进行模拟试验。

第5章 生态边坡降雨入渗规律分析

第4章在总结边坡稳定模型和入渗模型研究成果的基础上，设计了一套适用性强的生态边坡降雨入渗试验模型，本章利用该套装置进行背景工程生态边坡降雨条件下的渗流规律研究，并为后续生态边坡稳定性研究提供渗流场数据。

降雨是大气中最为常见的一种气候现象，但往往也正是因为这样一种常见的现象导致各类地质灾害的产生。据相关统计资料显示，大多数山体滑坡的产生是发生在雨季，此类灾害对人们的生命、财产安全和国家的建设、发展均有着极大的不利影响，且由于山体滑坡类灾害常常是突发性的、无预兆性的，目前来说还较难形成完善的预警、预报机制。人们通过长期的实践认识，总结出降雨对边坡变形及稳定性的主要两点不利影响因素[134,135]。一是降雨入渗对土体性能的影响：降水在土体内的入渗使土体的含水率增加，而坡体土含水率的改变会使得边坡土的质量增大、土体的强度降低，土体的抗剪强度与降水量和土的性质有关，对于遇水易软化或是饱水作用长的土体，强度的降低更为明显和持久，对边坡的安全稳定是非常不利的。二是力的作用：当降水入渗为地下水进行补给时，地下水位会随降雨时间的增加而增加，土体顺着边坡方向渗透压力会增大，降雨的持续会使边坡表面产生径流，引起大量的水土流失，而对边坡坡面产生的冲刷力和动水压力会促使坡面的失稳。上述原因长期作用对边坡稳定有着非常不利的影响，因此对边坡土体内水的入渗规律进行研究是非常重要的。

在降雨条件下，带有植被防护的生态边坡对降雨入渗能够产生一定的积极影响，在带有生态植被护坡的坡面其产生的径流从时间、程度等方面都要比无防护的小许多。植被对边坡表面可以起到防冲刷或是产生表面截流现象，但叶片的吸水性以及植被根系对土壤渗透性质的改变也是不能不考虑的因素，所以在降雨过程中植被护坡在边坡上所起到的水文作用是很明显的，而分析研究生态防护边坡的降水入渗规律变化是对生态护坡在边坡稳定性方面研究的先前一步工作。

5.1 入渗机理研究

降雨渗透问题的研究是一个较为复杂的水动力学问题，其中关联有水文地质学、地下水动力学以及土力学等相关学科，而降雨条件下的边坡内水的入渗主要涉及土壤的饱和与非饱和问题，边坡浅层的饱和—非饱和的渗流入渗过程可以看作是入渗水在连续的且相互连接的微观导管网络中流动[136]，入渗过程中土体的各物理力学参数随时间的推移是会不断变化且复杂的。

5.1.1 土体内水的分类

在进行降雨对边坡入渗规律影响研究之前，先对土壤中水的分类情况进行分析。自然条件下土壤水分含量会随土壤深度不同、外界条件影响以及外界条件干涉时间长短等情况不同而有差异，众多研究学者对土体内水按不同特征进行分类，因此诞生了多种分类方法，但无论分类多少，其基本概念几乎相同，仅仅是名称上的改变。下面对其中一种分类进行介绍，分为四个类型：

（1）吸湿水。由于土壤颗粒的表面对水有一定的吸附力，可以将其周围环境里的水分子吸至其颗粒表面，此类在土粒表面存留的水分被称为吸湿水。

（2）薄膜水。由于吸力作用使周边水分吸附至颗粒表面达到足够量时，颗粒将无法再吸收空气中较强活力的水气分子，仅能够吸收周边的液态水，此过程会促使吸湿水的外层不断增厚并产生连续，所以此类水分被称为薄膜水。

（3）毛管水。土壤的颗粒与颗粒之间存在着许多微小的孔隙，其相互连通类似于毛细管道，毛管中的水—气界面以下存在的液态水在表面张力的作用下会受到一个吸力，此力被称为毛管力，当土壤颗粒上的薄膜水足够多时，其余土体内的水分就会被毛管力吸于土壤颗粒之间的微小孔洞之中，此类水被称为毛管水。

（4）重力水。当颗粒与颗粒间孔隙较大时，毛管力会随之变小，有部分水分受到的毛管力相对显得非常微小甚至没有，这类大孔径毛管被称为非毛管孔隙，这部分不受到毛管力作用的水分会受到重力作用，在非毛管孔隙中向下运移，此类水分被称为土壤中的重力水。当土壤颗粒中与颗粒间的所有孔隙被水充满时，土壤达到饱和含水率。

上述对土壤水的划分和理解为分析降雨入渗过程和入渗规律提供了理论上的基础。

5.1.2 入渗过程

降雨的入渗过程并不是一个稳定的过程，而入渗率又和土体的性质有关，所以此类入渗的过程非常复杂。大气产生的降雨滴落至地面就开始入渗，如果土体面层土壤的含水率较小，所降雨水渗入土中在土颗粒的吸力作用下降雨的水分会被地面土壤颗粒介质吸收转变为薄膜水，而当土颗粒上薄膜水含量达到一定数值时，入渗的降雨水分将进入土颗粒间的毛细管裂缝形成毛细管水。当土体中的毛细管缝隙不够均匀时，多余的水分仅能充入较小宽度的缝隙中，而宽度较大的部分还是会充满空气，此时的土壤是非饱和的，所形成的渗流为非饱和渗流。而当地下水水位较浅，降雨水分可以抵达地下水位处，就能够给地下水进行补给，促使地下水位的上升，上升部位的土壤达到饱和并可以形成连续性的饱和渗流，但一般情况下地下水的水位并非很浅，且普通的降雨强度也难以使地下水位在短时间内有显著的上升。因此，此类饱和入渗所需条件是很难达到的。

研究降雨水分在土体内的入渗过程，早在20世纪40、50年代 Coleman 等人就将其简化为了一维垂直的入渗问题进行研究[137,138]，将入渗的剖面分成四个区段，如图 5-1 所示。最上层为饱和区，水分将土壤中的孔隙全部充满，该部分土体达到饱和但此区域一般面积较小。在其下方面积较大的部分区域是过渡区，此区间含水量变化较大。在过渡区的下方是传导区，该区段含水量较为均匀且所占面积也较大。再下方是湿润区，该区段越往深度方向走含水量变化越明显。处于最下方，即干湿土壤交界面上的为湿润锋锋面。

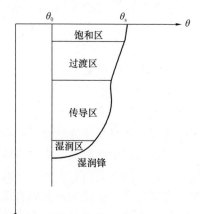

图 5-1 入渗剖面图

随着时间的推移，后几段区域会不断向下延伸。

　　降雨水分在土体内的入渗能力不仅取决于土壤自身的渗透性能，降雨的强度和方式也是重要影响因素。若土壤的渗透性较好，或是降雨强度要比土壤的入渗小，则降雨过程中坡体内水的入渗量主要由雨强所支配；若雨强较大，所降雨水除了渗入土壤里以外，还有多余会无法入渗到土体中，或是形成积水或是被排走，而被排走的过程中易在坡表形成径流现象。一次自然降雨过程往往带有上述两类情况的存在，从最初的降雨强度较小到形成大雨或暴雨，即所降雨水由全部入渗到部分入渗的过程。

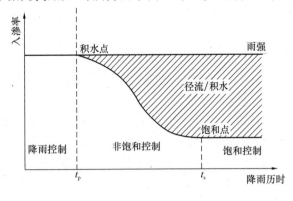

图 5-2　恒定降雨入渗过程

　　在雨强恒定时，可以将降雨水分在土体内的入渗过程分成三个阶段：降雨控制阶段、土壤的非饱和控制阶段和饱和控制阶段，如图 5-2 所示。从降雨开始到土体表面饱和，土壤的入渗率大于降雨强度，则该时段内为第一阶段；随着时间的推移，降雨水分不断往下运移，土体中基质吸力的下降和吸力梯度的减小，使得边坡土体入渗性能不断减小，在形成积水后雨强会大于入渗率，有些还会产生表面径流，此阶段为第二阶段；再有持续降雨会促使地下水位的上升甚至达到地表，此时会形成饱和渗流，这时的入渗率趋于恒定，此阶段被称为饱和控制阶段。

5.1.3　影响入渗的因素

　　影响边坡入渗性的因素有很多，不仅和土体自身主要性质有关，还与土壤的初始含水率、坡型、地下水水位等因素均有密切关联[139]。而生态植被护坡、温度以及各类人工的水土保持防护措施也会影响降雨边坡的入渗。

　　自然气候影响：降雨是自然环境中最为多见的现象，而影响边坡入渗的气候因素主要表现在降雨上。降雨的多少常常用降雨强度和持续时间来衡量。雨量越大，所降雨水为地下水补给量也就越多，所以随雨量的变化，地下水水位也会受到相应的影响。土体的入渗率也会因降雨强度的不同而有所不同，如前面所提的三阶段入渗。

　　土的自身性质影响：土壤的孔隙比或是孔隙数量常常被认为是影响土体入渗的重要参数，而土体中的孔隙情况和其结构、质地密切相关。土壤结构较差的土体，在质地上越粗糙，其渗透性能越好，而土壤结构较好的则恰恰相反。对土体进行夯实处理会很好地降低土体水分渗透性能，压实的程度越高，土内的孔隙含量越少，则土壤的饱和入渗系数也会降低，土体的压密会使颗粒吸力增加，促使非饱和控制阶段延长，所以对土壤进行压实处理是改变土体自身渗透性能的有效方式。

　　初始含水率的影响：假设边坡坡面上土体含水率均匀分布，雨水入渗表现为湿润锋锋面，并在边坡垂直面上形成整体的竖向运移，所以该过程可以被看成是简单的一维入渗过程，当初始含水率变大，湿润锋锋面的入渗速率也会加大。

　　坡型影响：坡型也是入渗过程中的一个较为重要的影响因素，前人经过大量研究表明，坡型或坡度的影响较为复杂多变，往往是根据地质条件等不同而存在一定差异。坡度越陡，降雨落到坡体表面所形成的坡面流流速越大，而所形成的表面水层厚度会随之越小，且若坡面在垂直投影面上的面积一致时，坡度越大的坡面其实际迎雨面的面积越小，所以入渗率也越低，但由于降雨的冲刷作用和入渗作用具有相互促进关系以及水在不同坡型边坡内重力形式的不同则会造成相反的影响。

表层影响：降雨水分在土体内的入渗实际上属于浑水入渗，随着浑水的不断入渗，水中砂等杂质会慢慢形成一个致密层，这样土体在表面形成了一个异于下部结构的紧密结构层，所以当该结构层形成后，土体的入渗性能将被改变，其具体入渗能力则受到此紧密结构层的性质的影响[140]。降水雨滴对土体表面的击打，使得表层土密实度增大，与此同时，水分不断地充填入表层土体颗粒间孔隙，在土体面上形成一个结皮层，导致入渗能力的下降。通过试验得出[141]，结皮土的入渗率是普通未结皮土入渗率的 0.8、产沙量的 0.78、产流量的 0.87。所以坡体表面的结皮对改变入渗，坡面的产沙、产流均有很好的减缓作用。

其他影响因素：除上述影响因素外，自然条件下的温度、水质等都会造成一定的影响。

5.2 降雨入渗模型

5.2.1 入渗模型的发展

Buckinghan 早在 18 世纪初就对毛管势进行了定义，他也最早提出一个水在土中入渗的基本模型的设想。到了 1911 年，Green and Ampt 在 Buckinghan 的毛管势理论之上，并结合和应用达西公式建立了 Green-Ampt 理论入渗模型。1920 年左右，Gardner 发现了土壤中的毛管间的传导与扩散和水在土中的入渗有着重要的关联，在随后的十年间，在入渗方面的研究成果多是计算方法或经验公式的推导，而在理论模型上没有什么过多的创新，其中以 Kostiakov 公式和 Horton 公式为代表，这两个公式应用广泛。Childs 在 20 世纪 30 年代提出了一个假定扩散系数求入渗量的估算方法，由于该方法和实测值相比差距较大所以没有得到过多的发展。Klute 于 1952 年利用达西定律结合连续方程，最早创立了一个关于入渗的微分方程。Philip 分别于 1955 年和 1957 年得出了一种水平方向扩散解及垂直方向上的扩散解。Nielson 与 Wang 等人在先前研究成果的基础上优化了各类解法，使得模型解法更加适用。直到 20 世纪 70 年代，研究人员研究出分层的入渗模型。进入 21 世纪以来，随着计算机科学的发展，研究学者可以更好地利用计算机模拟来判断各计算模型的适用范围和准确度等。直至今日，入渗计算模型的研究已较为成熟。

5.2.2 达西公式

法国科学家 Henry Darcy 在 1851～1855 年间利用简单的筒形装置对砂土进行室内渗透试验，得到了一个多孔介质的渗透的基本方程和规律，即现在所熟知的达西公式：

$$Q = K \frac{\Delta H}{L} A \tag{5-1}$$

式中　Q——渗流量；

　　　K——多孔介质渗透系数；

　$\Delta H/L$——水力梯度；

　　A——过水断面面积。

　　可以通过这一理论推导出非饱和渗流的基本微分方程，从理论上看来，只需得到土体的一些初始条件、参数以及边界条件等就可以解决入渗的计算问题。但是降水入渗规律的求解，还和降雨情况、土壤性质情况等许多因素有关，而这一系列因素又会随时间、空间等变化而变化。所以，要准确掌握降雨的入渗规律仅采用解析解的方式得到还较为困难。通过降雨入渗的数学理论模型对降雨入渗规律的求解则更为合适。

5.2.3　Green-Ampt 模型

　　前人在一百多年的探索中，得到了各类不同的入渗计算模型，在实践的发展中，一些模型也得到了优化和改进。最早于 1911 年由 Green. W. H 和 Ampt. G. A 两人根据毛管理论提出了一种在形式上较为简单且各参数意义明确的 Green-Ampt 模型[142-145]，该模型存在一个基本假定，即水在边坡土体内的入渗过程之中，土体在剖面上能够明显找到一个湿润锋锋面，以湿润锋锋面为界，上下两个区域的呈现是完全不同的，因此假设湿润区的土体含水率为土壤的饱和含水率，未湿润区域的土壤含水率假定为初始不变的，如图 5-3 所示。由于该模型中各系数的物理意义明确，易与土壤的性质参数建立起关系，且计算结果也较为准确，所以得到了比较广泛的认可。

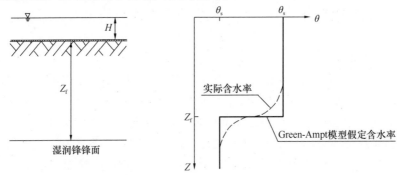

图 5-3　Green-Ampt 入渗模型示意图

　　Green-Ampt 模型主要针对入渗率 i、累积入渗量 I、湿润锋深度 Z_f 与时间 t 之间的关系进行研究，其模型具体表达式为：

$$i(t) = k_s \times \left(\frac{Z_f + S_f + H}{Z_f} \right) \tag{5-2}$$

式中　$i(t)$——入渗率，$cm \cdot min^{-1}$；

　　　　k_s——饱和导水率，$cm \cdot min^{-1}$；

　　　　Z_f——湿润锋深度，cm；

　　　　S_f——锋面处的平均吸水力，cm；

　　　　H——积水深度，cm。

　　通过总水量的平衡理论能够得出累积入渗量 I 与湿润锋深度 Z_f 关系如下式：

$$I(t) = (\theta_s - \theta_i) \times Z_f \tag{5-3}$$

式中　θ_s——土体初始含水量，%；

　　　　θ_i——土体饱和含水量，%。

　　综合式（5-2）和式（5-3），入渗率 i 又可以表示为：

$$i(t) = k_s \times \left[I + \frac{(\theta_s - \theta_i) \times S_f}{I(t)} \right] \tag{5-4}$$

5.2.4 Philips 模型

Green-Ampt 模型较其他模型具有在形式上较为简单且无需求解复杂的非线性偏微分方程等优点。但 Green-Ampt 模型的提出是基于水平地表，土质均匀、干燥，且考虑表面积水入渗问题进行研究的，所以适用范围有限。Philip 模型基于 Green-Ampt 计算模型，传承了其模型中各大优点，且为了更加适用于实际应用，比 Green-Ampt 模型具有更为简洁的数学表达形式[146-149]，应用起来也更为方便，范围也更加宽泛。

J. R. Philip 于 1957 年在入渗偏微分方程的基础上，采用幂级数的计算方法求得了任意时刻的入渗速率 i 和时间 t 之间的幂级数关系，其具体表达式为：

$$i(t) = \frac{1}{2} S t^{-1/2} + B \tag{5-5}$$

累积入渗量表达式为：

$$I(t) = S t^{1/2} + Bt \tag{5-6}$$

式中 S——土壤吸湿率，$cm/min^{1/2}$；

  t——入渗时间，min；

  B——稳渗率，cm/min。

通常情况下，当土壤的基质占有较大优势，且 B 数值一般非常小，因此也可以将公式简化为[148]：

$$I(t) = S t^{1/2} \tag{5-7}$$

5.3 入渗规律的模型试验研究

此边坡模型试验的目的是研究在不同边坡坡度、不同降雨强度条件下，裸坡和生态防护边坡两个类型边坡土体内部水的入渗规律，由此推导出边坡浅层稳定性问题研究以及生态植被边坡相对无防护边坡稳定性贡献价值。因此在试验当中，设计了不同雨强、不同坡度、不同防护类型边坡入渗量随时间的变化过程，以湿润锋和土壤水分变化为测量数据，对降雨条件下水在坡体内部的渗流过程和边坡的破坏过程进行研究归纳，从而分析降雨条件下边坡浅层稳定性以及生态植被护坡对浅层稳定性贡献价值。

根据第 4 章试验方案的介绍可知，每组试验湿润锋测取 5 个点数据、土壤水分检测仪每组试验检测 9 个点土壤内的水分变化，通过分析对比不同工况下 8 组试验的湿润锋数据和土壤水分变化数据，归纳总结出坡体内部水分渗透变化规律，数据整理方法如下：

（1）按组次分析阐述与分析结果，依照试验方案的分组类别，对相同工况下生态护坡和裸坡规律进行数据比对、对不同降雨雨强条件但其他条件相同的各边坡规律进行对比以及不同坡度但其他条件相同的边坡入渗规律进行对比研究。

（2）按不同测点位置进行分组分析，对同测点位置处但工况不同的降雨入渗湿润锋深度数据进行对比规律研究。

（3）对 8 组试验中土壤水分仪采集的数据进行对比分析研究。

（4）综合分析试验数据及规律。

5.3.1　湿润锋沿边坡分布规律

将所测湿润锋数据按照模型位置坐标进行绘图分析，分别绘制 8 组试验 30min、60min、90min、120min、150min 及 180min 的湿润锋锋面运移规律图，如图 5-4～图 5-11 所示。

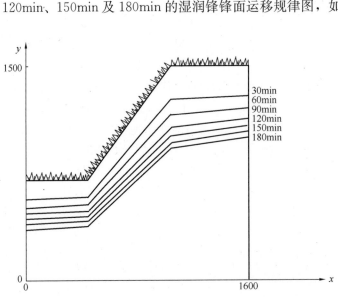

图 5-4　坡度 1∶0.75 雨强 0.11mm/min 生态边坡

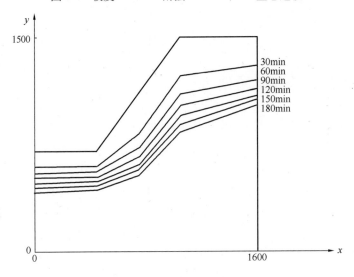

图 5-5　坡度 1∶0.75 雨强 0.11mm/min 裸坡

纵观 8 组试验的湿润锋入渗运移规律变化，可以得到以下试验规律：

（1）每组试验中的坡趾位置处的湿润锋入渗深度均为各 5 个测点中的最小点，各组试验中坡顶位置处的湿润锋入渗深度要比坡趾的大，但两测点所测值均很接近。由于边坡从受到降雨作用时起，斜坡坡面上的土壤黏粒、杂质以及碎屑物质等易被雨水带到坡趾及坡底，此处的雨水入渗多为浑水入渗且极易在该处形成由雨水冲刷的堆积物所组成的冲积区域，此区域随降雨冲刷的持续而变得越来越密实，所以该两点的湿润锋入渗深度较其他各测点均要小许多。

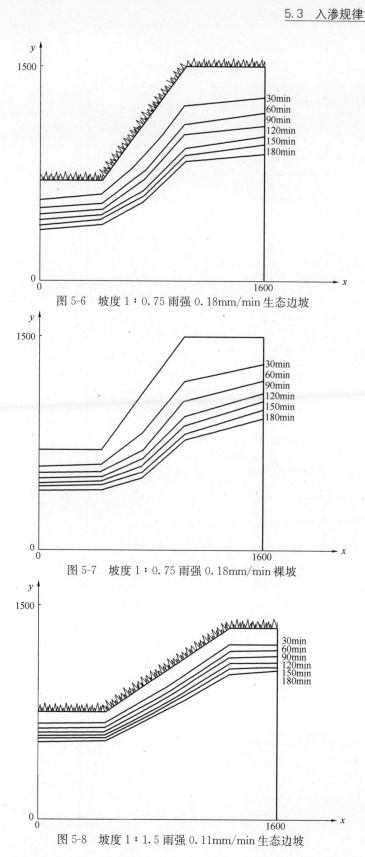

图 5-6　坡度 1：0.75 雨强 0.18mm/min 生态边坡

图 5-7　坡度 1：0.75 雨强 0.18mm/min 裸坡

图 5-8　坡度 1：1.5 雨强 0.11mm/min 生态边坡

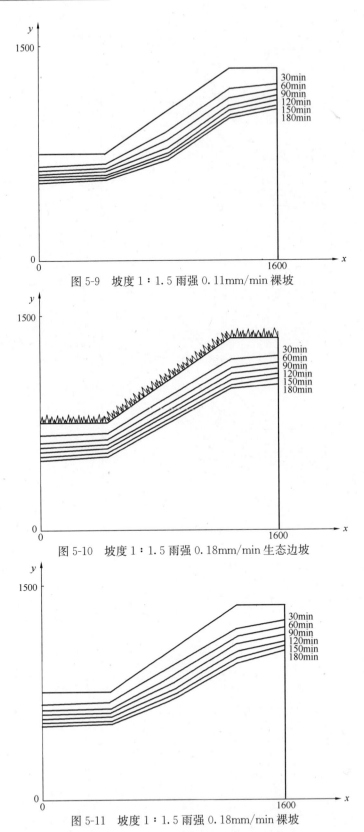

图 5-9　坡度 1 ∶ 1.5 雨强 0.11mm/min 裸坡

图 5-10　坡度 1 ∶ 1.5 雨强 0.18mm/min 生态边坡

图 5-11　坡度 1 ∶ 1.5 雨强 0.18mm/min 裸坡

（2）每组试验中的坡肩位置处的湿润锋入渗深度均为各测点中的最大点。由于降雨过程中边坡在坡顶位置处的平面上容易形成积水，易在坡顶及坡肩位置形成一个入渗水头，可能导致该处降雨入渗深度更大。

（3）从入渗运移图中，能够明显发现湿润锋入渗锋面并非和边坡的坡面呈平行状态，两者之间具有一定的夹角，从而使得湿润锋与坡面形成一个上宽下窄的梯形，图 5-12 中能够明显看出该现象。经过分析，湿润锋锋面与水平面夹角见表 5-1 中所列，该夹角随着降雨或入渗时间的发展会有一定的扩大。

图 5-12　湿润锋运移试验现场图

（4）由于模型中坡顶平台的尺寸相对坡面而言较大，降雨强度较大时（大于饱和渗透系数），降雨在坡顶平台形成部分积水，排放不及时则会在坡面产生一个较小的水头，从而使得湿润锋与坡面形成一个上宽下窄的梯形。可见对于具有较宽平台的边坡而言，湿润锋曲线具有跟一般边坡不一样的规律。

湿润锋与水平面夹角（°）　　　　　　　　　　　　　　　　表 5-1

试验组数 ＼ 时间	30min	60min	90min	120min	150min	180min
第一组	48.87	46.17	44.13	43.28	42.46	42.2
第二组	46.62	42.25	39.52	37.36	35.5	33.89
第三组	46.58	43.33	42.25	38.78	37.42	37.23
第四组	44.27	39.81	35.63	33.09	31.17	30.47
第五组	32.04	31.39	30.78	29.6	28.76	28.39
第六组	30.43	28.81	27.42	26.77	26.33	25.77
第七组	30.22	29.5	29.13	28.76	28.44	27.64
第八组	29.65	29.03	28.12	27.2	26.16	25.27

由于坡度 1:0.75 以及 1:1.5 为比值坡度，经换算相对应的角度分别为 53.13° 及 33.69°，所以可以计算出湿润锋与坡面夹角，见表 5-2。

湿润锋与坡面夹角（°）　　　　　　　　　　　　　　　　表 5-2

试验组数 ＼ 时间	30min	60min	90min	120min	150min	180min
第一组	4.26	6.96	9	9.85	10.67	10.93
第二组	6.51	10.88	13.61	15.77	17.63	19.24
第三组	6.55	9.8	10.88	14.35	15.71	15.9
第四组	8.86	13.32	17.5	20.04	21.96	22.66
第五组	1.65	2.3	2.91	4.09	4.93	5.3

续表

试验组数 \ 时间	30min	60min	90min	120min	150min	180min
第六组	3.26	4.88	6.27	6.92	7.36	7.92
第七组	3.78	4.5	4.87	5.24	5.56	6.36
第八组	4.35	4.97	5.88	6.8	7.84	8.73

从表 5-1 和表 5-2 中数据可以得出：

（1）湿润锋锋面和坡面所成夹角会随降雨时间的持续有增大的趋势。

（2）在相同时间内、相同条件下生态植被边坡入渗湿润锋锋面与边坡坡面夹角较裸坡的变化幅度更小。

（3）坡度越小湿润锋锋面与边坡坡面夹角的变化幅度越小，坡度越大该夹角变化幅度也越大。

（4）雨强越大湿润锋锋面与坡面夹角变化幅度越大，雨强越小变化幅度也越小。

5.3.2　各组湿润锋变化规律

通过试验所采集降雨边坡的湿润锋入渗数据，如图 5-13～图 5-20 所示。

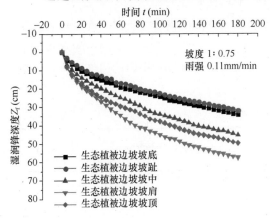

图 5-13　第一组试验湿润锋数据

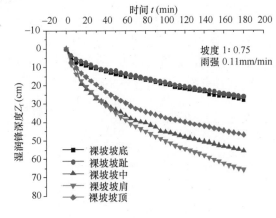

图 5-14　第二组试验湿润锋数据

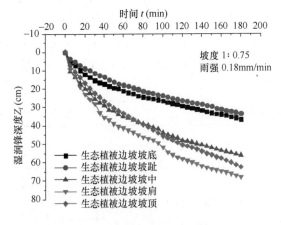

图 5-15　第三组试验湿润锋数据

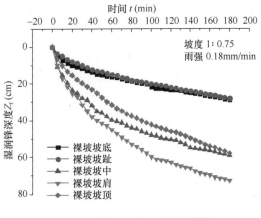

图 5-16　第四组试验湿润锋数据

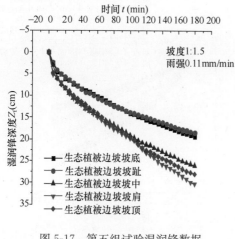

图 5-17　第五组试验湿润锋数据

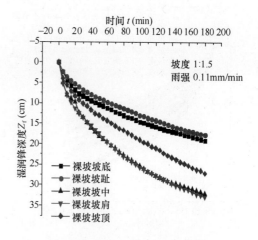

图 5-18　第六组试验湿润锋数据

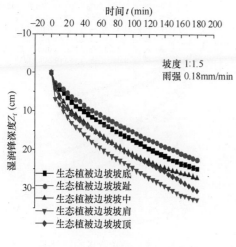

图 5-19　第七组试验湿润锋数据

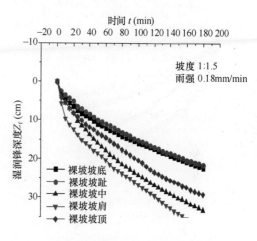

图 5-20　第八组试验湿润锋数据

从 8 组试验的湿润锋入渗深度数据，可以得出以下试验规律：

（1）各组试验中的湿润锋深度均是随着降雨时间的持续而不断增加，且随持续时间的不断增长，入渗速度逐渐变缓。

（2）降雨强度越大，各不同测点处的湿润锋入渗深度值之差越大。

（3）在裸坡上的不同测点所测入渗深度值之差较生态边坡的要大。

（4）坡度越大各不同测点处的湿润锋入渗深度值之差越大。

5.3.3　同一位置处的湿润锋变化规律

从边坡不同测点处的湿润锋入渗深度分别进行分析，分别就 5 个测点为对象绘制在不同条件下同一测点处的湿润锋入渗深度变化图，如图 5-21～图 5-25 所示。各组数据见表 5-3～表 5-7 所列。

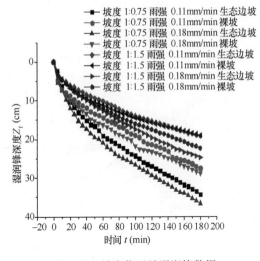

图 5-21　坡底位置处湿润锋数据

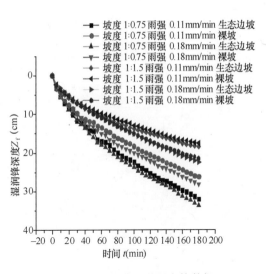

图 5-22　坡趾位置处湿润锋数据

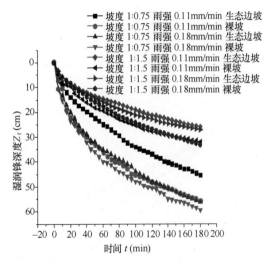

图 5-23　坡中位置处湿润锋数据

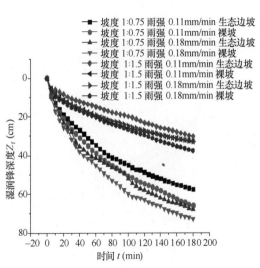

图 5-24　坡肩位置处湿润锋数据

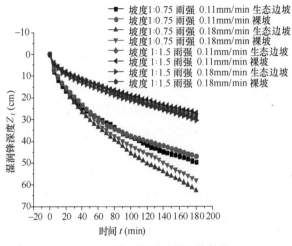

图 5-25　坡顶位置处湿润锋数据

坡底位置湿润锋深度（cm）　　　　　　表 5-3

条件		时间	30min	60min	90min	120min	150min	180min
生态边坡	降雨强度 0.11mm/min	坡度 1∶0.75	13	19.1	23.1	27	30.5	34.3
		坡度 1∶1.5	7.3	10.2	13.1	15.4	17.4	19.3
	降雨强度 0.18mm/min	坡度 1∶0.75	15.3	21	25.5	29.4	33.2	36.7
		坡度 1∶1.5	8.7	12.7	16.4	19.6	22.6	24.8
裸坡	降雨强度 0.11mm/min	坡度 1∶0.75	10.4	14.5	18	21.4	25	27.6
		坡度 1∶1.5	8.3	11.2	13.6	15.7	17.4	19.1
	降雨强度 0.18mm/min	坡度 1∶0.75	11.6	16.3	19.8	23.3	25.8	28.9
		坡度 1∶1.5	8.2	12	15.1	17.5	20	22.4

坡趾位置湿润锋深度（cm）　　　　　　表 5-4

条件		时间	30min	60min	90min	120min	150min	180min
生态边坡	降雨强度 0.11mm/min	坡度 1∶0.75	11.7	17	21.4	25.2	28.5	32
		坡度 1∶1.5	7.2	10.6	12.9	15	16.9	18.4
	降雨强度 0.18mm/min	坡度 1∶0.75	11.4	17.9	22.5	26.3	29.7	33.6
		坡度 1∶1.5	7.1	10.9	14.2	17.4	20	22.5
裸坡	降雨强度 0.11mm/min	坡度 1∶0.75	9.8	13.4	17.3	20.5	23.4	26.2
		坡度 1∶1.5	6.9	9.8	12	14.2	16.2	17.6
	降雨强度 0.18mm/min	坡度 1∶0.75	10	15	19	22.1	25	28.2
		坡度 1∶1.5	7.1	11	14.1	16.9	19.4	21.5

坡中位置湿润锋深度（cm）　　　　　　表 5-5

条件		时间	30min	60min	90min	120min	150min	180min
生态边坡	降雨强度 0.11mm/min	坡度 1∶0.75	17.3	24.9	32.3	37	41.4	45.5
		坡度 1∶1.5	10.6	14.7	17.9	21.3	23.8	26.1
	降雨强度 0.18mm/min	坡度 1∶0.75	25.5	35.2	41	48.2	52.1	56.3
		坡度 1∶1.5	10.9	16	20.1	23	25.4	27.3
裸坡	降雨强度 0.11mm/min	坡度 1∶0.75	27.1	36.4	42.7	48.2	52	55.7
		坡度 1∶1.5	13.5	19.5	24.1	27.7	30.1	32.1
	降雨强度 0.18mm/min	坡度 1∶0.75	28	40	46	50.6	55.7	59.4
		坡度 1∶1.5	11.5	17.8	22.8	26.8	30.2	33.3

坡肩位置湿润锋深度（cm）　　　　　　　　　　　　　　　　表 5-6

条件		时间	30min	60min	90min	120min	150min	180min
生态边坡	降雨强度 0.11mm/min	坡度 1∶0.75	23	34.5	43.2	48.7	53.6	57.6
		坡度 1∶1.5	10.6	14.9	18.8	23.2	26.7	30.3
	降雨强度 0.18mm/min	坡度 1∶0.75	28	41.3	48	58.1	63.8	68
		坡度 1∶1.5	14.1	19.3	23.3	27.2	30.5	32.9
裸坡	降雨强度 0.11mm/min	坡度 1∶0.75	26.3	38.9	47.8	54.7	60.6	65.9
		坡度 1∶1.5	13.5	19.5	24.3	27.7	30.5	32.9
	降雨强度 0.18mm/min	坡度 1∶0.75	31.5	45	56	63	68.7	72.9
		坡度 1∶1.5	15.2	20.3	25.1	29.6	34	37.7

坡顶位置湿润锋深度（cm）　　　　　　　　　　　　　　　　表 5-7

条件		时间	30min	60min	90min	120min	150min	180min
生态边坡	降雨强度 0.11mm/min	坡度 1∶0.75	21.1	29.5	36.6	41.9	46	49.8
		坡度 1∶1.5	10.1	14.2	18.3	22.7	25.3	28
	降雨强度 0.18mm/min	坡度 1∶0.75	22.4	33.4	42.5	50.5	56.1	62.8
		坡度 1∶1.5	11.7	16.2	20.3	23.6	26.9	30.5
裸坡	降雨强度 0.11mm/min	坡度 1∶0.75	19.5	29.6	36	40	43.5	47.1
		坡度 1∶1.5	10.1	14.3	17.8	21	24.4	27.1
	降雨强度 0.18mm/min	坡度 1∶0.75	19.8	31.6	40.2	46	52.1	58
		坡度 1∶1.5	10.1	14.6	19.1	23.5	26.4	29.2

　　分别对边坡上坡底、坡趾、坡中、坡肩以及坡顶 5 个测点处的湿润锋入渗深度进行分析，从上述图中可以得出以下规律：

　　（1）各监测点的湿润锋入渗深度在降雨强度为 0.18mm/min 条件下较 0.11mm/min 条件下的要大，降雨强度越大各测点所测得的入渗深度也越大。降雨过程中，如降雨强度小于土体能够承受的最大入渗率，则所降至坡体上的雨水可以认为完全入渗至土壤中，但随着降雨的持续，土壤表面会逐渐饱和，以致土壤的入渗率逐步降低；当降雨强度大于土壤入渗率时，可以认为降至坡体上的雨水部分入渗至土壤中，而其余部分则可能形成积水或是从坡面形成水流排走。所以降雨强度越大，初始坡体上土壤的实际入渗率也越大，且越早产生积水或径流，土壤受到积水水头差的作用或水流冲蚀作用越早，入渗深度也相应越大。

　　（2）在相同条件下，位于边坡平缓地坪处的坡底、坡顶等测点位置处的湿润锋入渗深度生态植被边坡的要大于裸坡的。边坡平面位置处的生态植被叶片在降雨过程中能够起到一个吸水的作用，且可利用茎叶迅速地将所降雨水导流至坡体土壤上，植被的根系也会使得边坡的表层土壤裂隙增加，因此生态植被在边坡平缓地面上入渗率会较高，而裸坡在边坡平面处，土体直接裸露在大气中，直接受到大气降水的击打作用使得表面一层土壤密实，且从受到降雨作用时起此位置就为浑水入渗，土壤中的部分细颗粒易填塞孔隙，在土体表层形成结皮现象，因此在此平面位置处的湿润锋入渗深度裸坡上会小于生态边坡。

（3）在相同条件下，在边坡斜坡面上湿润锋入渗深度生态植被边坡的则要小于裸坡。植被在边坡斜面上的叶片在降雨过程中所起到的作用和平面上的有所不同，所降雨水从坡顶位置处开始向下排水，植被叶片很好地起到了一个薄膜的效果，雨水在斜坡面上可以通过叶片的导流直接向下排走，从而减少了在斜坡面上雨水的入渗量；而裸坡无任何防护，直接受到雨水冲刷侵蚀，容易增加雨水的入渗量。

5.3.4 土壤水分变化规律

本模型试验除了实际测量的湿润锋的运移数据以外，还在模型框内按规律在不同的位置埋设了土壤水分检测仪，对模型框内部土体水分变化进行实时检测。在第 4 章中介绍过土壤水分仪探头的埋设方式与位置，土壤水分仪检测探头的埋设按照从下往上分层铺设的方式进行，其具体埋设位置坐标以及编号情况如图 4-16 所示。在持续 180min 的降雨历时中，由土壤水分检测系统对坡体内部不同位置处的土壤水分变化进行 1 次/min 的实时检测，土壤水分仪检测土壤含水率的精确度为±4%，用 Origin 软件绘制各测点处水分变化数值曲线图，如图 5-26～图 5-33 所示。

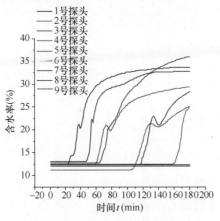

图 5-26　第一组试验水分变化

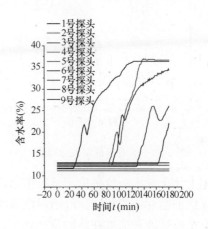

图 5-27　第二组试验水分变化

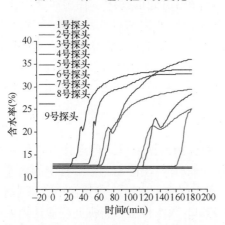

图 5-28　第三组试验水分变化

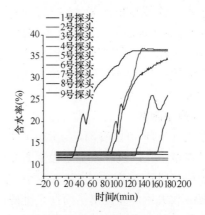

图 5-29　第四组试验水分变化

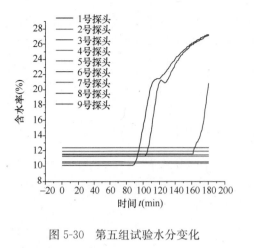

图 5-30　第五组试验水分变化

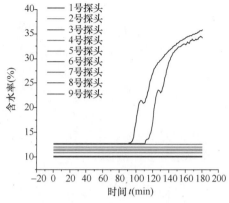

图 5-31　第六组试验水分变化

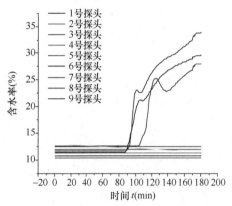

图 5-32　第七组试验水分变化

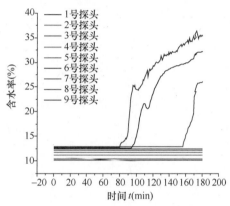

图 5-33　第八组试验水分变化

　　根据上述土壤水分仪数据图可以得出，各组试验坡体内部的土壤水分变化和坡体侧面的湿润锋锋面运移规律相同，降雨强度大的试验组入渗速度更快且入渗的湿润锋深度也更深，生态植被边坡和裸坡在不同位置处埋设的土壤水分仪探头所测数据也不相同，基本遵循湿润锋入渗规律变化。从图中可以看出，随降雨时间的持续，在湿润锋所能到达的深度，土壤水分仪所测得的最大含水率与室内试验所测饱和含水率基本一致（约 35％作用），越接近坡体表面的土壤含水率越高，越往深处土壤的含水率越低，此现象符合入渗理论中的分区概念，在坡体的不同深度上有着不同的含水率分布。雨水入渗到达土壤水分仪各探头的规律与湿润锋入渗规律一致，在时间上与侧面湿润锋入渗到达时间基本一致，部分有 5min 左右的偏差。

5.3.5　入渗率规律

　　根据式（5-3）可以看出，运用试验所得湿润锋数据可以简单地算出累积入渗量的多少，通过本章中入渗机理及数学模型所介绍，可以计算出降雨入渗过程中的入渗率并了解其变化规律。Philips 在 20 世纪 50 年代就发现土壤中的水分入渗规律中入渗率 i 与时间 t 呈现出幂级数关系，并提出了简便且准确的 Philip 入渗模型。根据此规律运用入渗率与时间上的关系，对模型试验计算得到的入渗率数值进行函数拟合，结果如图 5-34～图 5-41 所示。

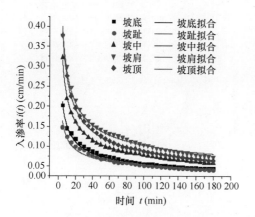

图 5-34　第一组试验入渗率变化规律

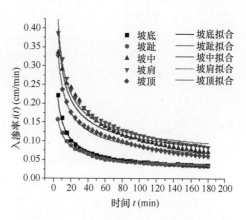

图 5-35　第二组试验入渗率变化规律

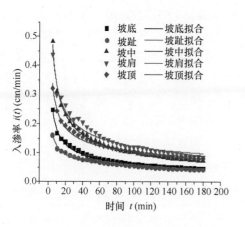

图 5-36　第三组试验入渗率变化规律

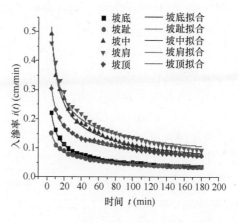

图 5-37　第四组试验入渗率变化规律

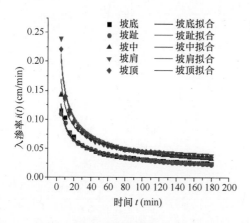

图 5-38　第五组试验入渗率变化规律

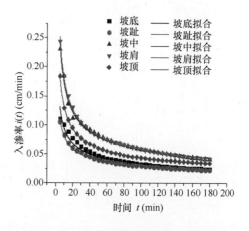

图 5-39　第六组试验入渗率变化规律

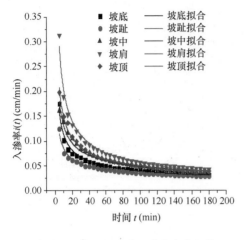

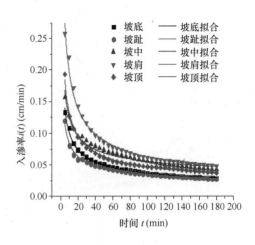

图 5-40　第七组试验入渗率变化规律　　　图 5-41　第八组试验入渗率变化规律

采用 $y=1/2ax^{-1/2}$ 函数对试验数据进行拟合，从图中可以看出函数的拟合优度较高，与 Philip 模型理论中的入渗率与时间的关系叙述一致。各组试验入渗率规律以及各测点的入渗率变化规律与前面介绍的湿润锋深度规律相一致。具体表现为坡度越小各测点入渗率变化规律越为接近；降雨强度越小各测点入渗率变化规律越为接近；相同条件下的生态植被护坡中各测点的入渗率变化规律相对裸坡均更趋于相近。此一系列规律从图中曲线紧密关系均可看出。在数值上，每组试验的入渗率最大值均为坡肩测点处、最小为坡趾处等规律均和湿润锋深度规律一致。分别对每组试验的 5 个测点均进行函数规律拟合，系数 a 值以及拟合优度见表 5-8。

入渗率拟合系数　　　　　　　　　　　表 5-8

位置 试验组数	系数 a					拟合优度 R^2				
	坡底	坡趾	坡中	坡肩	坡顶	坡底	坡趾	坡中	坡肩	坡顶
1	0.881	0.64	1.378	1.71	0.715	0.9899	0.965	0.9984	0.991	0.9987
2	0.992	0.694	1.666	0.759	1.4516	0.9919	0.9945	0.933	0.98	0.99
3	1.093	0.643	2.137	1.938	1.435	0.99	0.974	0.996	0.97	0.985
4	1.017	0.639	2.296	2.192	1.27	0.998	0.989	0.994	0.97	0.99
5	0.543	0.514	0.711	0.956	0.927	0.978	0.981	0.948	0.967	0.985
6	0.557	0.472	1.044	1.113	0.802	0.945	0.992	0.99	0.998	0.9993
7	0.68	0.464	0.757	1.349	0.908	0.974	0.981	0.973	0.989	0.992
8	0.595	0.464	0.649	1.237	0.794	0.994	0.99	0.975	0.985	0.994

从表 5-8 中可以看出，各曲线的拟合优度均有 95% 以上。根据拟合所得的系数数据，可以利用函数插值法进行入渗率以及湿润锋入渗深度的时间推算，得到在不同时间下的入渗规律数据，具体见表 5-9 所列。

湿润锋随时间推算结果（cm） 表 5-9

分组	时间/(min) 位置	坡底	坡趾	坡中	坡肩	坡顶
第1组	180	33.2	30.6	44.9	59.2	50.7
	240	38.3	35.3	51.9	68.4	58.5
	300	42.8	39.5	58	76.4	65.4
	360	46.9	43.2	63.5	83.7	71.7
	420	50.6	46.7	68.6	90.4	77.4
	480	54.1	49.9	73.4	96.7	82.7
第2组	180	26.3	25.1	58.8	66.5	48.8
	240	30.4	29	67.9	76.8	56.4
	300	34	32.4	76	85.9	63
	360	37.3	35.5	83.2	94.1	69
	420	40.3	38.3	89.9	101.6	74.6
	480	43	41	96.1	108.7	79.7
第3组	180	36.3	32.1	58.1	69.9	60.6
	240	41.9	37.1	67.1	80.7	70
	300	46.8	41.5	75	90.2	78.3
	360	51.3	45.4	82.2	98.8	85.7
	420	55.4	49.1	88.8	106.8	92.6
	480	59.2	52.4	94.9	114.1	99
第4组	180	28.6	27	62.7	76.5	48.8
	240	33	31.2	72.5	88.3	56.4
	300	36.9	34.9	81	98.7	63
	360	40.4	38.3	88.7	108.2	69
	420	43.6	41.3	95.8	116.6	74.6
	480	46.6	44.2	102.5	124.9	79.7
第5组	180	18.8	18.4	18.3	25.9	27
	240	21.7	21.2	21.2	29.9	31.2
	300	24.2	23.7	25.9	36.6	34.8
	360	26.5	26	29.9	42.2	38.2
	420	28.7	28.1	33.5	47.2	41.2
	480	30.7	30	51.8	73.1	44.1
第6组	180	19.2	17.4	33.3	33.6	26
	240	22.2	20.1	38.5	38.8	30
	300	24.8	22.4	43	43.4	33.6
	360	27.2	24.6	47.1	47.5	36.8
	420	29.4	26.6	50.9	51.4	39.7
	480	31.4	28.4	54.4	54.9	42.5

续表

分组	位置 时间/（min）	坡底	坡趾	坡中	坡肩	坡顶
第 7 组	180	23.8	21	27.9	33.3	29.2
	240	27.5	24.2	32.2	38.5	33.7
	300	30.7	27.1	36	43	37.6
	360	33.6	29.6	39.4	47.1	41.2
	420	36.3	32	42.5	50.9	44.5
	480	38.8	34.2	45.5	54.4	47.6
第 8 组	180	21.5	20.5	32.3	36.7	28
	240	24.9	23.7	37.3	42.4	32.4
	300	27.8	26.5	41.7	47.4	36.2
	360	30.5	29	45.7	51.9	39.6
	420	32.9	31.3	49.4	56	42.8
	480	35.2	33.5	52.8	59.9	45.8

5.4　本章小结

本章对土壤中水的基本入渗原理进行介绍，包括土壤水的分类、降雨的入渗过程、雨水在土壤中入渗的影响因素，并简要地介绍了前人一些较有代表性的入渗理论计算模型。对降雨边坡入渗模型试验所得湿润锋深度数据以及土壤水分仪所采集数据进行分组对比分析，分析结果如下：

（1）各组试验中的湿润锋深度均随着降雨时间的持续而不断增加，但随时间的不断持续，入渗率也会持续减小，直至趋于稳定。

（2）各组试验降雨湿润锋深度最大处均为坡肩测点位置处，湿润锋深度最小位置为坡趾位置处，其余坡中、坡顶等测点位置处的湿润锋深度随各测点位置的不同以及各组试验工况条件的变化而呈现各不相同的规律。

（3）降雨强度越大边坡上各测点的湿润锋入渗深度越大。

（4）生态植被边坡在坡顶、坡底等平缓位置处的湿润锋深度要大于裸坡此处的湿润锋深度值，而在坡中位置则呈现出相反的规律变化。

（5）从各组试验的各测点湿润锋深度数据可知，同组试验不同测点位置的数值并不相同，即湿润锋锋面与边坡坡面并非为相互平行的平行线而是具有一定夹角的，在坐标图中可以看出，在坡趾—坡中—坡肩位置的湿润锋锋面与坡面线连成的形状可以简化地看成为梯形。

（6）根据所埋设的土壤水分仪探头测得的土壤水分变化数据可以得知，坡体土壤水分在降雨条件下的变化规律符合入渗机理，各组试验呈现的规律与湿润锋深度数据规律一致。

（7）根据入渗率数据可以拟合并推算出不同入渗时间的湿润锋入渗深度。

第6章 边坡开挖整体稳定性分析

6.1 边坡稳定的基本理论

6.1.1 非饱和土强度理论

Fredlund 等人提出以净应力与基质吸力为变量的双变量非饱和土抗剪强度公式，得到了广泛应用[151]，其表达式为：

$$\tau_f = c' + (\sigma - u_a)\tan\varphi' + (u_a - u_w)\tan\varphi^b \tag{6-1}$$

式中　　τ_f——非饱和土抗剪强度；

　　　　c'——有效黏聚力；

　　　　σ——破坏面法向应力；

　　　　u_a——孔隙空气压力；

　　　　u_w——孔隙水压力；

　　$(\sigma - u_a)$——破坏面净法向应力；

　　　　φ'——与破坏面净法向应力 $(\sigma - u_a)$ 有关的内摩擦角；

　　$(u_a - u_w)$——破坏面基质吸力；

　　　　φ^b——破坏面基质吸力 $(u_a - u_w)$ 引起的内摩擦角；

　　$\tan\varphi^b$——抗剪强度随基质吸力增加的速率。

然而，φ^b 不是常数，研究表明 φ^b 与基质吸力之间存在着非线性的关系[8]，它一般都会随着吸力的增加而减少，且不易测定，造成实际应用的困难，基于实用的目的，φ^b 可以取值为 $1/2\varphi'$。

6.1.2 安全稳定性系数

工程上广泛采用稳定安全性系数（也可以简称为稳定系数或安全系）来对边坡的稳定性进行指标评价，Bishop 早在 1955 年就对边坡的安全系数进行了定义[152]。安全系数 K 在边坡分析中多被采用，目前主要有几类定义法。

1. 边坡滑动面上抗滑力与滑动力的比值系数法

即安全稳定系数为滑动面上的两力之比：

$$K = \frac{R}{S} \tag{6-2}$$

式中　R——广义抗滑力；

　　　S——广义滑动力。

根据此类定义方法又可以分成三小类：

（1）关于剪应力的定义方法：

滑动面上一点的应力值 σ_x、σ_y 以及 τ_{xy} 的计算公式为式（6-3）与式（6-4）。

$$\tau = \frac{1}{2}(\sigma_y - \sigma_x)\sin 2\alpha + \tau_{xy}\cos 2\alpha \tag{6-3}$$

$$\sigma_n' = \sigma_x \sin^2 \alpha + \sigma_y \cos^2 \alpha - \tau_{xy}\sin 2\alpha \tag{6-4}$$

式中　α——滑动面与平面夹角。

此处的抗剪强度为：

$$\tau_f = c' + \sigma_n' \tan \varphi' \tag{6-5}$$

所以边坡上的稳定性系数为：

$$K = \frac{\int (c' + \sigma_n' \tan \varphi')\mathrm{d}l}{\int \tau \mathrm{d}l} \tag{6-6}$$

（2）关于水平应力的定义方法：

假设滑动面上某一点的大小有效主应力差值为 $\sigma_1' - \sigma_3'$，以该值为直径画摩尔圆，以该圆的圆心作一个 Mohr-Coulomb 强度包线相切的应力圆，此称为破坏应力圆，相应的应力圆的直径为 $(\sigma_1' - \sigma_3')_f$，应力水平表示为 $\sigma_1' - \sigma_3'/(\sigma_1' - \sigma_3')_f$，因此边坡的稳定性系数表示为：

$$K = \frac{\int \mathrm{d}l}{\int \dfrac{\sigma_1' - \sigma_3'}{(\sigma_1' - \sigma_3')_f}\mathrm{d}l} \tag{6-7}$$

（3）关于应力水平的加权强度定义方法：

此方法于 1985 年由 Donald 与 Tam 所提出，方法表达式为：

$$K = \frac{\int (c' + \sigma_n' \tan \varphi')\mathrm{d}l}{\int (c' + \sigma_n' \tan \varphi')\,\dfrac{\sigma_1' - \sigma_3'}{(\sigma_1' - \sigma_3')_f}\mathrm{d}l} \tag{6-8}$$

2. 强度的折减定义方法

此方法的稳定性系数 K 被定义为：将边坡上的土体抗剪强度值的降低，即为 c'/K 与 $\tan\varphi'/K$，当坡上土体在滑动面位置处达到极限应力状态时，所对应的折减系数就为边坡的稳定性系数，也可以称之为强度储备系数。该方法常用于数值分析当中，基本原理是不断地减小土体中的 c、φ 值，当边坡到达破坏之时，c、φ 值所降低的倍数就为稳定性系数 K。

$$\tau = c' + \varphi' = \frac{c}{K} + \arctan\left(\frac{\tan\varphi}{K}\right) \tag{6-9}$$

$$\varphi' = \arctan\left(\frac{\tan\varphi}{K}\right) \tag{6-10}$$

3. 加载系数定义方法

加载法也可称作为超载法，是假设边坡上土体的各参数指标不变的情况下，不断地增加荷载直至边坡失稳达到破坏，将边坡的失稳极限荷载和正常荷载的比值定为边坡的稳定性系数，表示为：

$$K = \frac{P_f}{P_0} \tag{6-11}$$

式中　P_f——极限破坏荷载；

　　　P_0——实际荷载。

6.2　边坡稳定分析方法

边坡稳定分析是一个古老而又复杂的课题。边坡稳定分析方法种类繁多，各种分析方法都有各自的特点和适用范围，大体上包括极限平衡法、极限分析法、滑移线法和有限元法等确定性方法和在概率基础上发展起来的各种模糊随机分析等非确定性方法。

6.2.1　极限平衡法

极限平衡法是边坡稳定分析领域中最古老、也是目前工程应用较多的一种方法，它以摩尔—库仑抗剪强度为基础，将边坡滑动体划分成若干垂直土条，建立作用在这些垂直土条上的力的平衡方程，求解安全系数，通常称为条分法。极限平衡法的基本特点是，只考虑静力平衡条件和土的摩尔—库仑破坏准则，也就是说通过分析土体在破坏那一刻力的平衡来求得问题的解。当然在大多数情况下问题是静不定的，极限平衡法处理这个问题的对策是引入一些简化假定使问题变得静定可解，这种处理使方法的严密性受到了损害，但是对计算结果的精度损害并不大，由此而带来的好处是使分析计算工作大为简化，因而在工程中获得广泛应用。

极限平衡法概念清晰，容易被工程人员理解和掌握，能直接给出反映边坡稳定的安全系数值及潜在滑动面形状和位置，因此一直以来在工程界被广泛运用。但是，也存在一些缺陷：首先，采用极限平衡法计算边坡安全系数时，需事先假定滑动面的位置和形状，然后通过试算找到最小安全系数和最危险滑动面，给计算精度和效率带来了一定影响，尽管不少专家和学者致力于这方面的研究，并取得了很多有益的成果，但并不能从根本上克服以上不足；此外，极限平衡法将滑坡体视为刚体，没有考虑土体的应力—应变关系，不能考虑边坡岩土体的变形以及开挖、填筑等施工活动对边坡的影响，因而其适用范围受到一定限制。极限平衡法主要用于边坡稳定性分析，在其他稳定性课题如土压力和地基承载力计算中应用较少，而且精度很低。但由于极限平衡法历史悠久，在工程应用中积累了丰富的经验，已被证明是分析边坡稳定相对比较可靠的方法，因此目前它仍是边坡稳定分析中最常用的方法之一。

6.2.2　滑移线法

滑移线法是根据平衡方程、屈服条件和应力边界条件求塑性区的应力、位移速度的分布，最后求出极限荷载或者稳定安全系数的方法。土可视为理想的弹塑性体且弹性变形相对塑性变形小，在不考虑土体的变形与强度硬化、软化的情况下，将土体分成塑性区和刚性区。假定塑性区内各点均达到极限平衡状态，这样，在塑性区内的每一点，除了可以建立静力平衡条件外，还可以增加一个摩尔—库仑破坏条件，在一定的边界条件下，可以用特征线法求解由此形成的一组偏微分方程组。在简单的边界条件和土质分布条件下用特征线法可得有限的闭合解答，解得的特征线恰好就是土力学中的滑移线，其中一组就是滑动面。

传统滑移线法的一个缺点是忽略了土体的应力—应变关系，按照变形体力学，有效解必须满足这个条件，而滑移线法却只用到了平衡条件和屈服条件。传统滑移线法的另一个缺点是只适用于平面应变问题或者轴对称问题，一般不可能通过特征线得出理论解，大部分问题只能用差分法求解。而关键的问题是还没有像有限元法这样通用的差分法程序，只能针对具体问题编制相应程序，所以除进行科学研究外，很少有人会用差分法按传统的滑移线理论去求解实际岩土问题。

6.2.3　极限分析法

极限分析方法将土体看作服从流动法则的理想塑性材料，基于这种理想土体材料性质，当外力达到某一定值时，可在外力不变的情况下发生塑性流动，此时边坡岩土体处于极限状态，所受的荷载为极限荷载。边坡岩土体的极限状态是介于静力平衡与塑性流动的临界状态，极限状态的特征是：应力场是静力许可的，应变率场（或速度场）是机动许可的。静力许可的应力场应满足区域上的平衡条件、屈服准则以及力边界条件；机动许可的应变率场（或速度场）应满足几何条件及速度边界条件。只有同时满足静力许可的应力场和机动许可的应变率场（或速度场）的解答才是真实解。但是由于边坡岩土材料的不连续性、各向异性和非线性的本构关系以及结构在破坏时呈现的剪胀、软化、大变形等特性，使求解边坡稳定问题变得十分困难和复杂。

6.2.4　有限元法

进入 20 世纪 70 年代后，随着计算机和有限元分析方法的产生和发展，采用理论体系更为严密的应力—应变分析方法分析土工建筑物的变形和稳定性已变得可能。自从 1966 年美国 Clough 和 Woodward 首先用有限元法分析土坝以来，有限元法在岩土工程中的应用发展迅速，并取得了巨大进展。从近 30 年的实际应用情况来看，有限元方法也存在自身的局限，主要是在确定边坡的初始应力状态、把握边坡临近破坏时的弹塑性本构关系以及保证非线性数值分析的稳定性等方面遇到一些困难。

与传统的极限平衡法相比，采用有限元法进行边坡稳定分析的优势可以归纳如下：

（1）可以对复杂的地貌、地质的边坡进行稳定性分析。

（2）可以得到极限状态下的破坏形式，确定潜在滑动面的大致位置，因而不需要事先假定破坏面的形状或位置，同时可以通过有限元计算直接得到安全系数，这对于指导施工设计是很重要的。

（3）由于有限元法引入变形协调的本构关系，因此也不必引入假定条件，可以得到不同工作状态下土体的真实受力状态，全面了解应力、变形的分布状况，使方法保持了严密的理论体系。

（4）可以了解土体随强度的恶化而呈现出的渐进失稳过程，了解土体的薄弱部位，从而指导加固设计。

（5）可以考虑不同的施工工序对土体稳定最终安全度的影响，天然边坡、开挖边坡、填筑边坡的安全系数往往是不同的，一次开挖和分级开挖也会不一样。

（6）可以考虑影响土体稳定的某些更为复杂的因素，如模拟降雨过程、水位降低、地震等对边坡稳定的影响。

（7）可以考虑土体与支挡或锚固结构的共同作用和协调变形。

（8）可以及时地吸收土力学和计算力学发展的最新成果，如考虑应力路径、各向异性、应力轴旋转、土体结构性、土体渐进性破坏对土体稳定的影响。

从工程应用角度来看，传统的极限平衡法是评价边坡土体稳定的首选方法，随着非线性有限元技术的不断完善和计算机的日益普及，有限元法在评价土体稳定性方面展现了巨大的生命力，但由于其对工程人员素质提出了更高的要求，又限制了其在工程界的迅速推广。滑移线法和极限分析法似乎更多地只是停留在研究层面，较少在复杂的工程问题中得到实际应用，但对它们的研究却给其他方法提供了更深入的理论支持，或者说将它们与其他方法相结合，可解决更为复杂的问题。

6.3　某高速边坡开挖稳定性分析

6.3.1　K17＋800 边坡

边坡桩号 K17＋800，位于 A3 标段，坡度变更后较平缓，全/强风化泥质粉砂岩，土质松散，一段整体塌方，如 6-1 所示。根据勘探资料，全线不同土质的力学指标见表 6-1。

图 6-1　K17＋800 边坡塌方

地层主要工程地质计算参数　　　　　　　　　　　　　　　　　　表 6-1

参数\\名称	密度 （g/cm³）	黏聚力 c （MPa）	内摩擦角 φ （°）
碎石土	1.95～2.0	16.0～25.0	19.0～36.0
含砾粉质黏土	1.9	18.0	26.0
粉质黏土	1.88～1.9	19.0～20.0	18.0
砂质粉土	1.87～1.9	29.0	16.0
全风化花岗岩	2.0	25.0	19.0
全风化泥质粉砂岩	1.9～2.0	22.0～24.0	24.0～26.0
强风化泥质粉砂岩	2.1～2.2	19.0～25.0	19.0～38.0
强风化砂岩	2.0～2.1	19.0	24.0
中风化页岩	2.0	22.0～25.0	16.0～19.0
中风化粉砂岩	2.1	19.0	24.0
中风化砂岩	2.1	19.0	24.0

采用 ANSYS 有限元软件建立有限元网格模型，再将网格模型导入 FLAC3D 进行边坡稳定性计算，计算方法为强度折减法。网格模型如图 6-2 所示，从上到下的四个土层依次为：含砾粉质黏土、全风化泥质粉砂岩、强风化泥质粉砂岩、中风化粉砂岩。

计算结果见表 6-2 所列，云图如图 6-3～图 6-5 所示。从表 6-2 及云图中可以看出：①原边坡的安全系数较小（在 1.2 左右，由于模型范围较大，计算结果会偏大），边坡稳定性不够，在开挖过程中产生了滑塌。如果用锚杆和框格梁进行加强，则安全系数显著提

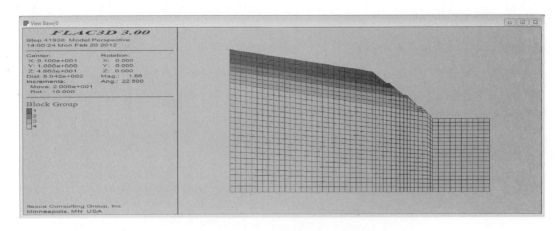

图 6-2　K17＋800 边坡网格模型

高，最高达 58.88%。②从云图可以看出，原边坡的滑动面比较小，出口一般在坡脚处，经过锚杆和框格梁加固后，滑动面明显增大，出口也不在坡脚，而是在远离坡脚的路基上，由此可见，锚杆加固土体的效果很明显，滑移带已经不再通过锚杆加固区。③锚杆加固后的边坡安全系数多在 1.70 以上，远大于规范要求的 1.2，因此，理论上利用锚杆和框格梁进行该边坡加固是可行的。

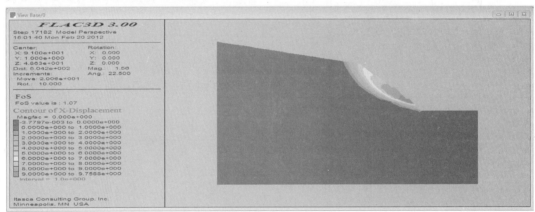

图 6-3　X 方向位移（参数取下限）

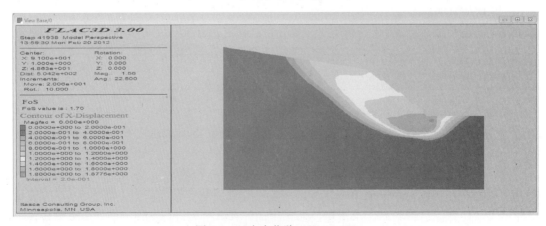

图 6-4　X 方向位移（K＝1.07）

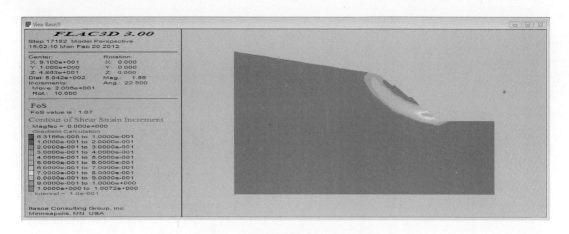

图 6-5　剪应变增量（参数取下限）

K17＋800 边坡整体稳定性计算结果　　　　　　　　　　　　　　　　　表 6-2

序号	材料组	密度 （kg/m³）	黏聚力 （Pa）	内摩擦角 （°）	剪胀角 （°）	安全系数 K （原边坡）	安全系数 K （加锚杆）	安全系数 K 提高百分数	备　注
1	1	1900	18000	26	26				
	2	2000	24000	26	26	1.31	1.76	34.35%	参数全部 取上限
	3	2200	25000	38	38				
	4	2100	19000	24	24				
2	1	1900	18000	26	26				
	2	1900	22000	24	24	1.07	1.7	58.88%	参数全部 取下限
	3	2100	19000	19	19				
	4	2100	19000	24	24				
3	1	1900	18000	26	26				
	2	1950	23000	25	25	1.23	1.74	41.46%	参数全部 取中值
	3	2050	22000	28.5	28.5				
	4	2100	19000	24	24				

6.3.2　K35＋330 边坡

采用 ANSYS 有限元软件建立有限元网格模型，再将网格模型导入 FLAC3D 进行边坡稳定性计算，计算方法为强度折减法。网格模型如图 6-6 所示，从上到下的两个土层依次为：强风化砂岩、中风化砂岩。

计算结果见表 6-3 所列，云图如图 6-7、图 6-8 所示。从表 6-3 及云图中可以看出：①原边坡的安全系数较大，边坡稳定性较好，但是由于实际边坡中的岩石有一些大的破碎带通过，有时候边坡可能会出现局部失稳现象，因此需要采取工程措施进行加固。②从云图可以看出，当材料的参数较小的时候，边坡的滑移面位于上下土层的分界面上，因此土层分界面多为边坡的薄弱面，值得重点关注。

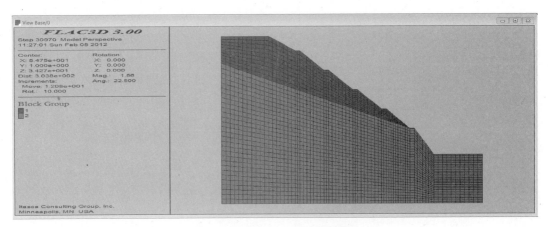

图 6-6　K35＋330 边坡网格模型

K35＋330 边坡整体稳定性计算结果 表 6-3

序号	材料组	密度 （kg/m³）	黏聚力 （Pa）	内摩擦角 （°）	剪胀角 （°）	安全系数 K	备 注
1	1	2000	12000	32	32	1.33	下限
	2	2100	18000	38	38		
2	1	2000	18000	36	36	1.62	上限
	2	2100	27000	40	40		
3	1	2000	15000	34	34	1.47	中值
	2	2100	22500	39	39		

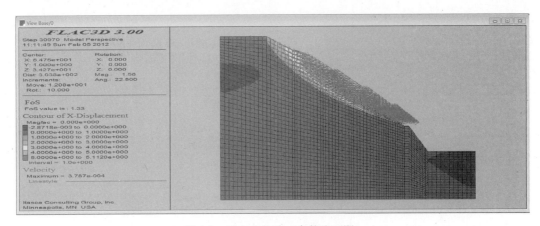

图 6-7　X 方向位移（参数取下限）

6.3.3　K35＋490 边坡

边坡桩号 K35＋490，位于 B2 标段，上部强风化下部中风化。采用 ANSYS 有限元软件建立有限元网格模型，再将网格模型导入 FLAC3D 进行边坡稳定性计算，计算方法为强度折减法。网格模型如图 6-9 所示，模型土层均为中风化砂岩。计算结果见表 6-4 所列，云图如图 6-10、图 6-11 所示，可以看出：原边坡的安全系数较大，边坡稳定性较好。但是由于实际边坡中的岩石有一些大的破碎带通过，有时候边坡可能会出现局部失稳现象，因此需要采取工程措施进行加固。

图 6-8　剪应变增量（参数取下限）

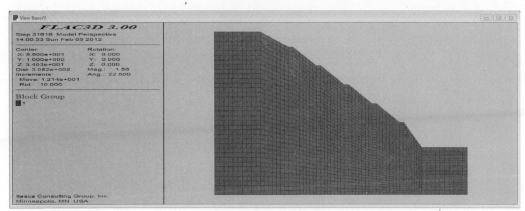

图 6-9　K35＋490 边坡网格模型

K35＋490 边坡整体稳定性计算结果　　　　　　　　　　　　　　表 6-4

序号	密度 （kg/m³）	黏聚力 （Pa）	内摩擦角 （°）	剪胀角 （°）	安全系数 K	备　注
1	2100	18000	36	36	1.42	中风化砂岩
2	2100	27000	40	40	1.71	中风化砂岩

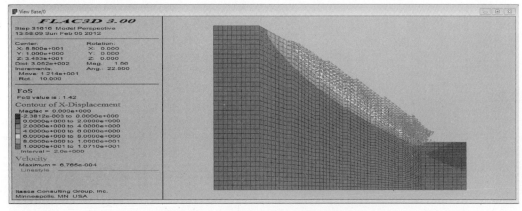

图 6-10　X 方向位移（参数取下限）

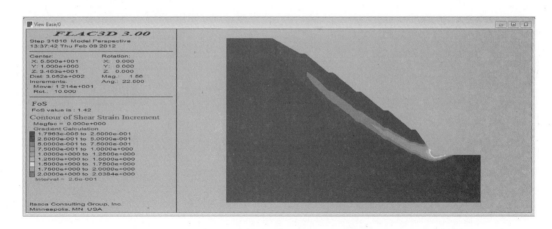

图 6-11　剪应变增量（参数取下限）

6.3.4　K51＋340 边坡

边坡桩号 K51＋340，位于 B6 标段，高边坡，全风化花岗岩，土质不好，挂网植草易被雨水冲刷，路基土需要换填。采用 ANSYS 有限元软件建立有限元网格模型，再将网格模型导入 FLAC3D 进行边坡稳定性计算，计算方法为强度折减法。网格模型如图 6-12 所示，模型土层均为全风化花岗岩。

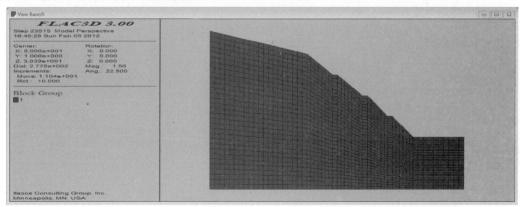

图 6-12　K51＋340 边坡网格模型

计算结果见表 6-5 所列，云图如图 6-13、图 6-14 所示，可以看出：①原边坡的安全系数较小（<1.2），边坡稳定性不够，需要采取工程措施进行加固。②原边坡的滑动面出口一般在坡脚处（碎落台和排水沟的位置），因此要加强该处的工程防护和排水，防止滑移面可能产生的塑性贯通，进而引发边坡失稳。

K51＋340 边坡整体稳定性计算结果　　　　　　　　　　表 6-5

序号	密度 （kg/m³）	黏聚力 （Pa）	内摩擦角 （°）	剪胀角 （°）	安全系数 K	备　注
1	1920	21000	24	24	1.11	钻孔数据，全风化花岗岩
2	1760	26000	16.6	16.6	0.94	下限，全风化花岗岩
3	1900	32000	21.5	21.5	1.18	上限，全风化花岗岩
4	1830	29000	19.05	19.05	1.06	中值，全风化花岗岩

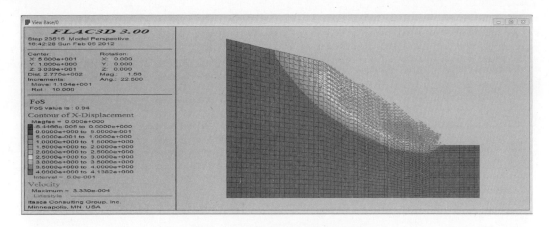

图 6-13　X 方向位移（参数取下限）

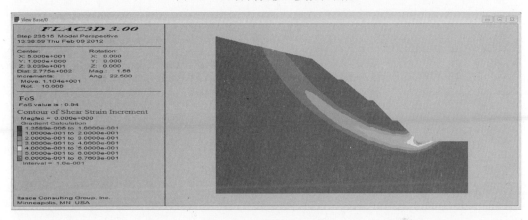

图 6-14　剪应变增量（参数取下限）

6.3.5　K53＋510 边坡

边坡桩号 K53＋510，位于 B6 标段，高边坡，上层为含砾粉质黏土，下层为全风化花岗岩，土质不好，挂网植草易被雨水冲刷，路基土需要换填。采用 ANSYS 有限元软件建立有限元网格模型，再将网格模型导入 FLAC3D 进行边坡稳定性计算，计算方法为强度折减法。网格模型如图 6-15 所示，模型从上到下的两个土层依次为：含砾粉质黏土、全风化花岗岩。

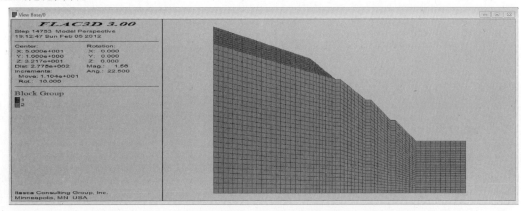

图 6-15　K53＋510 边坡网格模型

计算结果见表6-6所列，云图如图6-16、图6-17所示，可以看出：①原边坡的安全系数较小（<1.2)，边坡稳定性不够，需要采取工程措施进行加固。②原边坡的滑动面出口一般在坡脚处（碎落台和排水沟的位置），因此要加强该处的工程防护和排水，防止滑移面可能产生的塑性贯通，进而引发边坡失稳。

K53+510 边坡整体稳定性计算结果 　　　　　　表 6-6

序号	材料组	密度 (kg/m³)	黏聚力 (Pa)	内摩擦角 (°)	剪胀角 (°)	安全系数 K	备　注	
1	1	1920	20000	22	22	1.10	钻孔	含砾粉质黏土
	2	1920	21000	24	24			全风化花岗岩
2	1	1720	22800	13.6	13.6	0.92	下限	含砾粉质黏土
	2	1760	26000	16.6	16.6			全风化花岗岩
3	1	1950	38500	18.2	18.2	1.16	上限	含砾粉质黏土
	2	1900	32000	21.5	21.5			全风化花岗岩
4	1	1835	30650	15.9	15.9	1.04	中值	含砾粉质黏土
	2	1830	29000	19.05	19.05			全风化花岗岩

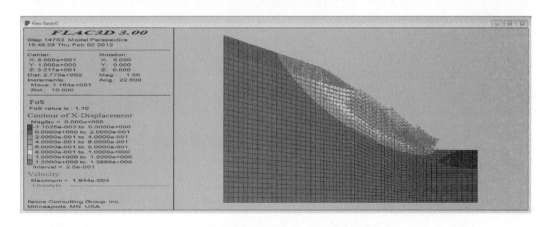

图 6-16　X 方向位移（参数取钻孔数据）

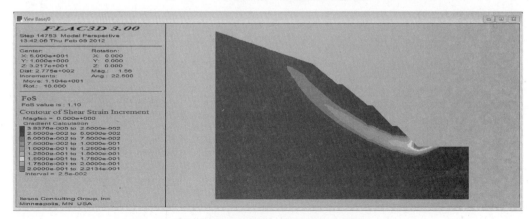

图 6-17　剪应变增量（参数取钻孔数据）

第7章 生态边坡浅层稳定性分析

目前，对边坡稳定性的研究多集中在整体稳定性方面，针对具体生态防护的边坡浅层稳定性分析比较少见。现实中往往存在边坡基岩完好，整体不会发生坍塌，但由于边坡土质的差异以及地质作用，边坡浅层中可能有软弱夹层存在使得边坡浅层可能失稳。近年来诞生的客土喷播技术，由于客土和现有土体之间的土性差异，两者之间的接触面便为潜在滑裂面，当发生浅层滑坡时，往往沿着此滑裂面发生破坏。高速公路边坡应保障交通的正常运营，防止局部坍塌给交通造成障碍，因此研究边坡的浅层稳定性显得至关重要。

国内有不少学者对边坡的浅层稳定性进行了研究，罗阳明[68]针对边坡局部坍塌的失稳情况，针对 SNS 与植物护坡共同作用，提出了边坡浅层失稳计算公式。杨俊杰[73]在研究客土稳定性方面，通过大量的室内研究发现，边坡客土失稳是沿着一条平行于坡面的直线，即边坡浅层滑坡的潜在滑裂面为一条平行于坡面的直线。胡利文等[70]基于岩石边坡，通过对植被坡面稳定性进行分析，提出了生态边坡的无限坡模型计算公式。

本章先分析了边坡浅层稳定的破坏模式，指出边坡浅层失稳主要因为薄弱面存在，针对现有无限坡模型计算公式的不足，分根系是否进入滑裂面等情况推导了边坡浅层稳定的理论公式，并进行算例验证。对于具有较宽坡顶平台的边坡，根据第 4、5 章模型试验中湿润锋的锋面与坡面形成一定夹角的规律，推导了该种情形下边坡浅层稳定安全系数的计算公式，并进行算例验证。

7.1 边坡浅层破坏模式

对于边坡浅层稳定性研究，首先应确定破坏模型，对不同的破坏模型分别采用不同的计算方法。边坡浅层失稳主要因为薄弱面的存在，岩石边坡或工程防护边坡都有明显的薄弱面存在。对于岩石边坡，土层与岩石之间存在薄弱面，因此易发生浅层失稳。对于工程防护边坡，根据常用工程防护的不同主要有三维网防护边坡和 SNS 防护边坡。三维网防护边坡中，客土与本土之间为薄弱面；SNS 防护边坡，锚杆间土体与边坡深层土体易剥离。根据边坡破坏模式进行分类，各种类型边坡特点、破坏模式以及分析方法见表 7-1 所列。

从 7-1 可以看出，对于边坡类型 A 和边坡类型 B 薄弱面都为直线，因此，可以利用无限边坡理论对边坡浅层稳定性进行分析；对于边坡类型 C，由于采用的防护形式为 SNS 防护边坡，边坡浅层失稳主要是成块体滑出，因此，采用局部稳定性计算模型进行分析。由于本书是以某高速公路边坡为工程背景，边坡采用三维网植草进行工程防护，也就是表 7-1 中 B 类，因此，本章将针对三维网植草边坡进行边坡浅层稳定性分析。

边坡破坏模式

表 7-1

边坡类型	计算简图	边坡特点	破坏模式图	分析方法
A		覆土层较薄，基岩为完整岩体，根系不能进入		利用无限边坡模型进行分析计算
B		植被与工程防护的形式结合，边坡一般发生浅层失稳，可确定可能下滑的块体		利用无限边坡模型进行分析计算
C		植被与工程防护的形式结合，边坡一般发生浅层失稳，可确定可能下滑的块体		利用局部稳定性进行分析计算

7.2 浅层稳定简化理论推导

针对表 7-1 中的不同边坡类型，根据本工程背景，选取边坡破坏模式类型 B，其浅层失稳主要是沿着一条平行于坡面的直线滑塌，如果失稳客土的范围较大（即边坡坡面较长），并且边坡土体失稳厚度相对于坡长足够小，可以将该边坡失稳破坏模式利用无限边坡理论进行分析。即假定边坡的滑裂面平行于边坡坡面，不考虑边坡坡长的影响，只考虑边坡浅层滑坡滑裂面的深度以及含水量对边坡浅层稳定性的影响。对于无限边坡理论的研究，Smith[69] 通过算例给出了均质无限斜坡的闭合形式解。徐光明[71] 等利用离心模型试验进行边坡破坏模式研究发现，存在软弱夹层边坡的破坏面为该软弱夹层，并且表现为典型的平行于坡面破坏模式，实测结果与模型值吻合。王亮[153] 和杨俊杰[73] 针对客土的稳定性问题，通过大量的室内模拟试验研究发现，边坡客土失稳沿着一条平行于坡面的直线，即边坡浅层滑坡的潜在滑裂面为一条平行于坡面的直线。以上研究都是基于边坡没有植物根系作用下的分析，并没有考虑植物根系对边坡浅层稳定性的影响。事实证明，植物根系对土体起着加筋作用，能够提高土体抗剪强度，并且对土体抗拉能力的增加也有明显效果。

戚国庆[154]、胡利文[70] 等基于岩石边坡提出了生态护坡的无限边坡模型，并给出了计算边坡安全系数的公式。胡利文和戚国庆在考虑植物根系对边坡浅层稳定性的影响时，虽然考虑了植物根系加筋作用对边坡稳定性的影响，但是并没有区分考虑植物根系深入滑裂面的情况，当植物根系处于滑裂面之上时，也认为此时的根系对土体的加筋作用为 $C_r + C_s$，则将高估植物根系加筋作用对边坡浅层稳定性的影响。

由于根系深入土体的深度变化很大，使得根系对边坡浅层稳定性的贡献也存在差异，当根系处于边坡浅层滑裂面以上时，根系的加筋作用只是影响加筋区的土体，而竖向根系由于并未穿过滑裂面，因此，对边坡浅层稳定性并不产生影响；当根系深入浅层滑裂面以下时，根系对浅层滑动产生直接影响，根系的多少、根直径的大小、根生长深度都将对边坡的浅层滑动产生影响。水平根系对边坡浅层稳定性与竖向根系对边坡浅层稳定性相比较而言，由于边坡发生浅层滑坡，边坡滑裂的深度并不深，因此水平根系的作用也有限，认为水平根系对边坡浅层稳定性的影响可不予以考虑，而竖向根系将直接影响边坡整个滑裂面，其作用也比较明显。

7.2.1 根系在滑裂面之上

植物根系处于滑裂面以上，由于竖向根系未穿过滑裂面，则竖直方向的根系将对滑坡体不产生作用。当把边坡看成无限边坡时，边坡浅层一定深度沿着滑裂面整体滑塌，但竖直方向的根系未穿过滑裂面，因此对边坡的浅层滑坡不产生影响。植物根系未穿过滑裂面的模型图和计算模型简图，如图 7-1 和图 7-2 所示。

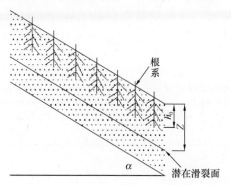

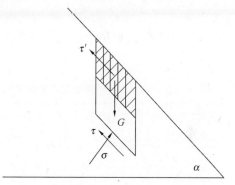

图 7-1　根系在滑裂面以上的模型图　　　　图 7-2　植物护坡下无限边坡计算简图

对图 7-2 进行受力分析，当边坡土体达到极限平衡状态时，由静力平衡可得，边坡滑坡体重力、抗滑力、总法向应力、下滑力为：

$$G = (\gamma_t H + q_0)\cos\alpha \tag{7-1}$$

$$\sigma = (\gamma_t H + q_0)\cos^2\alpha \tag{7-2}$$

$$R = c + \sigma\tan\varphi \tag{7-3}$$

$$S = G\sin\alpha \tag{7-4}$$

对计算简图进行静力平衡分析，则植物加筋作用下的边坡浅层稳定性的计算公式可以写成（不考虑地下水位的影响）：

$$K = \frac{R}{S} = \frac{c + \sigma\tan\varphi}{(q_0 + \gamma_t H)\sin\alpha\cos\alpha} \tag{7-5}$$

式中　q_0——植物的重度，按均布荷载计；

　　　c——黏聚力；

γ_t——土体重度；

α——边坡坡度；

φ——内摩擦角；

S——下滑力；

σ——滑坡体的法向应力；

R——抗滑力。

下面将对以上提出的根系处于潜在滑裂面之上的计算模型的适用性进行验证。利用本节中推导的计算模型计算边坡安全系数，通过数值计算方法，利用 SLOPE/W 软件对边坡稳定性进行计算（表 7-2 中 M-P 值为 Morgenstern-price 法的简称），将两者的结果进行比较分析，从而对提出的计算模型的适用性进行验证。本次计算以草本植物狗牙根为研究对象，因此可以认为植物重度为 0，土体黏聚力为 10kPa，内摩擦角为 31°，根系土黏聚力为 20kPa，内摩擦角为 31°。为保证验证的合理性，首先假设潜在滑裂面深度为 100cm，选取四种边坡坡度分别为 27°、33.7°、39.8°、45°，在加筋深度分别为 0、20cm、40cm、60cm、80cm 五种情况下进行无限边坡计算分析。现将不同坡度下计算结果列于表 7-2。

从表中数据可知，在植物根系不同加筋深度下，边坡安全系数并无变化，这是由于植物根系未穿过滑裂面，因此植物根系加筋量的大小、加筋深度对边坡浅层稳定性并不产生影响，对于坡度 27°、33.7°、39.8°、45°四种情况，边坡的稳定性随着坡度的增大而变小，计算模型值与数值解相比较可知，两者差值不超过 5%，因此，可以认为该模型计算结果是合理的。

不同坡度下安全系数随加筋深度的变化关系 　　　　　　　　　　表 7-2

角度 (°)	结果 类型	加筋深度 0	加筋深度 20cm	加筋深度 40cm	加筋深度 60cm	加筋深度 80cm
27	公式值	2.517	2.517	2.517	2.517	2.517
	M-P 值	2.561	2.561	2.561	2.561	2.561
33.7	公式值	2.075	2.075	2.075	2.075	2.075
	M-P 值	2.182	2.182	2.182	2.182	2.182
39.8	公式值	1.821	1.821	1.821	1.821	1.821
	M-P 值	1.905	1.905	1.905	1.905	1.905
45	公式值	1.682	1.682	1.682	1.682	1.682
	M-P 值	1.756	1.756	1.756	1.756	1.756

7.2.2　根系深入滑裂面以下

由于植物根系处于滑裂面以下，则植物根系都将阻碍边坡的滑动，此时边坡的浅层稳定由植物根系与土体之间的粘结强度以及根系自身的强度决定，边坡如要发生浅层失稳，则植物根系要么从深层土体中拔出，要么植物根系被拔断。当边坡发生失稳，根系从边坡中拔出时，则其抗剪强度由根系和土体之间的粘结强度决定，如果此时粘结强度大于植物根系的抗剪强度，则植物根系被拔断，进而边坡失稳。根系深入滑裂面以下的模型简图如图 7-3 所示。

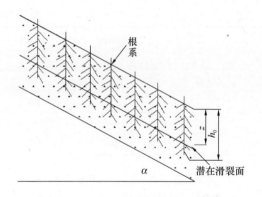

图 7-3　根系深入滑裂面以下的模型图　　　　图 7-4　植物护下无限边坡计算简图

根据图 7-4 边坡植物护坡下的无限边坡模型进行静力分析，则植物加筋作用下的边坡浅层稳定性的计算公式可以写成（不考虑地下水位的影响）：

$$K = \frac{R + R'}{S} = \frac{c + \sigma\tan\varphi + \tau}{(q_0 + \gamma_t H)\sin\alpha\cos\alpha} \tag{7-6}$$

式中　τ——植物根系对土体的抗剪强度的增加值；

　　q_0——植物的重度，按均布荷载计；

　　c——黏聚力；

　　γ_t——土体重度；

　　α——边坡坡度；

　　φ——内摩擦角；

　　S——下滑力；

　　σ——滑坡体的法向应力。

下面将对以上提出的根系处于潜在滑裂面下的计算模型在不同加筋量和不同坡度两种情况下的适用性进行验证。首先利用本节中推导的计算模型计算不同坡度和加筋量下边坡安全系数，通过数值计算方法，利用 SLOPE/W 软件对边坡稳定性进行计算（表 7-3 中 M-P 值为 Morgenstern-price 法的简称），将两者的结果进行比较分析，从而对提出的计算模型的适用性进行验证。本次计算以草本植物为研究对象，为保证验证的合理性，假设潜在滑裂面深度为 100cm，选取四种边坡坡度分别为 27°、33.7°、39.8°、45°，加筋量分别为 0（不加筋）、5kPa、10kPa、15kPa、20kPa（加筋量表示根系对土体抗剪强度增加值）五种情况下进行无限边坡计算分析。现将计算结果列于表 7-3。

不同坡度下安全系数随加筋量变化　　　　　　　　　　　　　　　表 7-3

角度 (°)	结果 类型	加筋量 0	加筋量 5kPa	加筋量 10kPa	加筋量 15kPa	加筋量 20kPa
27	公式值	2.517	3.185	3.853	4.522	5.190
	M-P 值	2.561	3.271	3.981	4.692	5.400
33.7	公式值	2.075	2.733	3.420	4.141	4.902
	M-P 值	2.182	2.815	2.831	4.085	4.726

角度 (°)	结果 类型	加筋量 0	加筋量 5kPa	加筋量 10kPa	加筋量 15kPa	加筋量 20kPa
39.8	公式值	1.821	2.371	2.921	3.471	4.020
	M-P 值	1.905	2.497	3.082	3.677	4.262
45	公式值	1.682	2.223	2.763	3.304	3.845
	M-P 值	1.756	2.329	2.912	3.480	4.057

　　图 7-5 和图 7-6 为不同坡度下边坡浅层稳定性与加筋量的关系和不同加筋量下边坡浅层稳定性与边坡坡度的关系。从图中可知，植物根系穿过滑裂面时，边坡安全系数随着加筋量的增加而增大，加筋作用明显；对于不同边坡坡度下，安全系数随着坡度的增加而减小，计算模型值与数值解相比较可知，两者差值不超过 5%，因此，可以认为该模型计算结果是合理的。

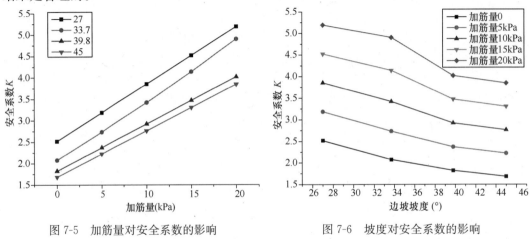

图 7-5　加筋量对安全系数的影响　　　　图 7-6　坡度对安全系数的影响

　　通过对比表 7-2 和表 7-3 可知，相同加筋量下植物根系穿过滑裂面和未穿过滑裂面的边坡安全系数相差很大，这说明只有植物根系穿过了滑烈面才对土体产生作用，而未穿过滑裂面时对土体不产生作用。通过对比以上两种情况下的植物根系加筋作用对边坡的稳定性影响分析可知，根系穿过滑裂面时随着加筋量的增加边坡稳定性增加值明显大于根系未穿过滑裂面的情况，这是由于当植物根系穿过滑裂面时，才能够对边坡稳定性产生影响。

　　通过以上分析可知，在其他参数相同的情况下，植物根系穿过滑裂面的边坡安全系数明显大于植物根系未穿过的情况，而胡利文和戚国庆的计算公式并未考虑植物根系穿过滑裂面的情况，因此，如果不区分植物根系穿过滑裂面的情况，当植物根系未穿过滑裂面时也利用他们的公式进行计算分析，将高估植物对边坡浅层稳定性的作用。因此，研究植物根系对边坡浅层稳定性的影响时，应区分植物根系穿过滑裂面与否。

7.2.3　考虑降雨的浅层稳定性

　　广大学者一致认为边坡浅层稳定性与降雨密切相关，现实生活中通过对滑坡案例的分析也发现滑坡与降雨密切相关。李宁[155]等认为降雨是诱发边坡失稳的最主要和最普遍的环境因素，是浅层滑坡最关键的触发因素，基于 Green-Ampt 和 Philip 入渗模型的研究，并结合无限边坡模型进而提出了边坡浅层稳定性计算公式。刘新喜[156]等利用数值计算的方法，分析了不同强度降雨和降雨持时对边坡稳定性的影响，研究表明对强风化软岩在降雨强度 200mm/d 时，边坡就会发生失稳。许建聪[157]也对降雨与边坡稳定性的关系进行了大量研究，研究结果表明强降雨是诱发浅层滑坡的关键因素。对于前述内容认为进行边坡浅层稳定性分析时应区分植物根系是否穿过滑裂面，这是基于已经确定了潜在滑裂面的情形，然而在降雨的过程中，由于降雨的作用使得土体抗剪强度降低，因此，就有可能会使潜在滑裂面发生变化。本节将对降雨情况下边坡浅层稳定性进行分析。

上节研究是基于浅层滑坡确定滑裂面的情况，即认为滑裂面为 H（薄弱面），但是降雨情况下往往滑裂面会发生变化。由于降雨影响，土体孔隙水压力增加，边坡浅层稳定性降低，因此有可能湿润峰在还没有到达潜在滑裂面时边坡便发生浅层滑坡。针对以上分析，对于潜在滑裂面发生变化的情况，下文将对滑裂面与潜在滑裂面的关系分别进行分析。

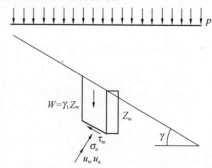

图 7-7　降雨下无限边坡计算模型

在降雨情况下，雨水入渗使得土体孔隙水压力增加，从而土体抗剪强度减小，根据非饱和土抗剪强度理论，并结合无限边坡计算模型图（图 7-7），便可以得到无限边坡的安全系数表达式：

$$K_s = \frac{c' + (\sigma_n - u_a)\tan\varphi' + (u_a - u_w)\tan\varphi^b}{\gamma_t z_w \sin\alpha\cos\alpha} \tag{7-7}$$

式中　c'——有效黏聚力；

　　　u_a——孔隙气压力；

　　　u_w——孔隙水压力；

　　　σ_n——滑面上的总法向应力；

　φ'、φ^b——有效内摩擦角和抗剪强度随基质吸力（$u_a - u_w$）而变化的内摩擦角；

　　　γ_t——土体重度；

　　　α——边坡坡度；

　　　z_w——湿润锋的竖向深度。

由于湿润锋以上土体处于饱和状态，另外根据 Rahardjo 提出的边坡可能水压力分布可知，当饱和带上层滞水时，$u_w > 0$；当上层不滞水时，$u_w = 0$。在此不考虑上层滞水的情况，则 $u_w = 0$。对于式（7-7）可以写成：

$$K = \frac{c' + \sigma_n\tan\varphi'}{\gamma_t z \sin\alpha\cos\alpha} = \frac{c' + \gamma_t Z\cos^2\alpha\tan\varphi'}{\gamma_t z \sin\alpha\cos\alpha} \tag{7-8}$$

当雨水入渗，边坡在某一入渗面达到极限平衡状态时，则认为安全系数等于 1，式（7-8）可以写成式（7-9），此时便是边坡发生浅层滑坡时的滑裂面深度。

$$Z = \frac{c'}{\gamma_t\cos^2\alpha(\tan\alpha - \tan\varphi')} \tag{7-9}$$

综上所述，边坡发生浅层滑坡时，滑裂面深度可以通过下式确定：

$$Z = \begin{cases} \dfrac{c'}{\gamma_t \cos^2\alpha(\tan\alpha - \tan\varphi')} & Z < H \\ H & Z \geqslant H \end{cases} \tag{7-10}$$

上式为不考虑植物根系影响时的情况，当考虑植物根系的影响时，式（7-10）中的 c' 将变为 $c' + \tau'$（τ' 为饱和含水量下根系对土体抗剪强度的增加值），则 Z 将变大，因此，滑裂面深度将增加，结合本节前面所述，式（7-10）可以写成：

（1）根系未穿过潜在滑裂面时

$$Z_1 = \frac{c'}{\gamma_t \cos^2\alpha(\tan\alpha - \tan\varphi')} \tag{7-11}$$

（2）根系穿过潜在滑裂面时

$$Z_2 = \frac{c' + \tau'}{\gamma_t \cos^2\alpha(\tan\alpha - \tan\varphi')} \tag{7-12}$$

综合式（7-11）和式（7-12），有根系加筋作用下边坡浅层稳定性的滑裂面深度由下式确定：

$$Z = \begin{cases} \dfrac{c'}{\gamma_t \cos^2\alpha(\tan\alpha - \tan\varphi')} & h_0 < Z_1 \\ \dfrac{c' + \tau'}{\gamma_t \cos^2\alpha(\tan\alpha - \tan\varphi')} & Z_1 \leqslant h_0 < H \\ H & Z \geqslant H \end{cases} \tag{7-13}$$

式中　h_0——植物根系长度。

从式（7-13）可以看出，在降雨过程中滑裂面是有可能发生变化的。滑裂面发生变化时，边坡浅层稳定性计算式也随滑裂面深度变化而变化，因此，针对滑裂面深度不小于潜在滑裂面深度和滑裂面深度小于潜在滑裂面深度两方面分别进行分析研究。

（1）滑裂面深度不小于潜在滑裂面深度

在降雨过程中，雨水不断入渗，随着降雨的持续，雨水入渗深度不断增加，可以认为降雨下边坡的水位线是由地表向深层不断入渗的过程，因此，边坡浅层稳定性计算式可以写成：

$$K = \frac{c + \cos^2\alpha(\gamma H + \gamma_w H_w)\tan\varphi}{\sin\alpha\cos\alpha(\gamma H + \gamma_w H_w)} \tag{7-14}$$

根据上文所述，将浅层稳定分为根系在滑裂面上和根系在滑裂面下两种情况进行分析，则由此可得考虑降雨下边坡浅层稳定性计算公式为：

根系在潜在滑裂面上时

$$K = \frac{c + \cos^2\alpha(\gamma H + \gamma_w H_w)\tan\varphi}{(\gamma H + \gamma_w H_w)\sin\alpha\cos\alpha} \tag{7-15}$$

根系穿过潜在滑裂面时

$$K = \frac{c + (\gamma H + \gamma_w H_w)\cos^2\alpha\tan\varphi + \tau}{(\gamma H + \gamma_w H_w)\sin\alpha\cos\alpha} \tag{7-16}$$

当降雨入渗深度达到潜在滑裂面深度时，土体抗剪强度降低，此时黏聚力 c 用有效黏聚力 c' 计算，φ 用有效内摩擦角 φ' 计算；根系对土体的增强作用用 τ' 计算。

（2）滑裂面深度小于潜在滑裂面深度

在降雨情况下，边坡滑裂面最有可能发生在湿润锋处，此时滑裂面土体抗剪强度便为饱和土体的抗剪强度，因此，根据前文所述，当根系处于滑裂面之上时则其安全系数计算公式为：

$$K = \frac{c' + \gamma_t z \cos^2 \alpha \tan \varphi'}{\gamma_t z \sin \alpha \cos \alpha} \tag{7-17}$$

当根系处于滑裂面之下时，其安全系数计算公式为：

$$K = \frac{c' + \gamma_t z \cos^2 \alpha \tan \varphi' + \tau'}{\gamma_t z \sin \alpha \cos \alpha} \tag{7-18}$$

综上所述，对于降雨下植物边坡浅层稳定性分析，首先，应确定滑裂面深度，当滑裂面深度不小于潜在滑裂面深度时，此时，雨水入渗还未到达潜在滑裂面，边坡便已发生失稳，此时只需考虑降雨增强土体的重度，雨水并未影响到滑裂面土体，则此时边坡土体抗剪强度不变，运用式（7-14）进行计算，根据根系与滑裂面的关系，再确定用式（7-15）或式（7-16）；当滑裂面深度小于潜在滑裂面深度时，此时湿润锋到达的深度为滑裂面深度，则滑裂面土体含水量便已发生变化，抗剪强度降低，根据根系与滑裂面的情况，则边坡浅层稳定性计算公式便应用式（7-17）或式（7-18）进行计算。

7.3　工程实例分析

7.3.1　工程概况

本章以某高速公路江西境内赣州段公路边坡为工程背景。根据钻探资料可知，边坡土体主要为全（强）风化花岗岩，呈砂土状，表土则主要以较薄的粉质黏土覆盖，土体遇水易弱化，降雨作用下边坡极易发生浅层失稳。本章以某高速公路边坡 K37＋281～K37＋348 段中 K37＋300 段边坡采用三维网植草边坡进行浅层稳定性分析，K37＋300 段边坡计算模型图如图 7-8 所示，边坡高度为12m，边坡长度为14m，边坡坡率为 1∶1.25（即坡度为 38.6°），根据文献检索，全风化花岗岩黏聚力为 10.3kPa，内摩擦角31°，自然重度为 18.5kN/m³，饱和情况下全风化花岗岩有效黏聚力、内摩擦角和饱和重度分别为：4.32kPa、31°和 19.2 kN/m³。根据前文分析可知，对于三维网植草边坡，浅层失稳易发生在客土与本土接触面处；根据设计文件可知，客土厚度为 30cm，植草采用狗牙根；根据室内直剪（快剪）试验可知，含根量增加，根系对土体的抗剪强度增强作用也增大，当含水量为 25％，含根量分别为 0、0.1％、0.2％、0.3％、0.4％的情况下时，土体抗剪强度值分别为 10.3kPa、14.4kPa、18.2kPa、19.7kPa、21.5kPa；根据植物生长规律可知，植物在不断成长的过程中，其根系深入土体中的深度也不断增加（假定其在单位面积上对土体抗剪强度值不变），狗牙根生长深度可达 40cm，大于30cm（潜在滑裂面）。

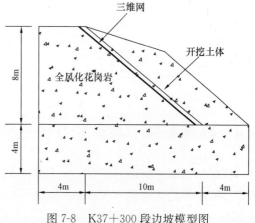

图 7-8　K37＋300 段边坡模型图

7.3.2　结果分析

根据式（7-9）可得 $Z=1.8\mathrm{m}>0.3\mathrm{m}$，滑裂面深度大于潜在滑裂面深度，则滑裂面深度取潜在滑裂面深度为 0.3m。狗牙根的加筋深度为 $40\mathrm{cm}>30\mathrm{cm}$，则根系可以穿过潜在滑裂面，因此，采用式（7-16）进行计算。通过计算分析，不同含根量下，边坡安全系数与降雨入渗深度的变化关系列于表 7-4。

由表 7-4 可知，边坡安全系数都比较大，这是由于考虑的为浅层稳定性，潜在滑裂面深度为 30cm，由以上计算公式可知，安全系数随着滑裂面深度的增加而减小，当滑裂面深度较浅时安全系数会比较大。由图 7-9 可知，边坡安全系数随着加筋量的增加而增大，当含根量从 0 增加到 0.4％时，边坡安全系数增量高达 46％，在植物根系加筋作用下，边坡浅层稳定性受根系加筋作用影响明显。由图 7-10 可知，边坡浅层稳定性随着降雨入渗深度的增加而减小，含根量为 0.4％时，当入渗深度从 0 增加到 30cm 时，安全系数增量为 -21％。

不同含根量下边坡安全系数随降雨入渗深度的变化　　　　表 7-4

含根量（％）	入渗深度 10cm	入渗深度 20cm	入渗深度 30cm
0	3.98	3.55	3.23
0.1	5.26	4.67	4.21
0.2	6.45	5.70	5.12
0.3	6.92	6.11	5.48
0.4	7.49	6.60	5.91

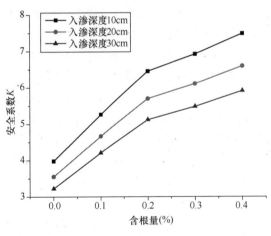

图 7-9　含根量对安全系数的影响

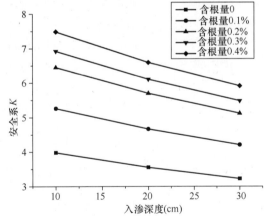

图 7-10　入渗深度对安全系数的影响

7.4　降雨条件下具有较宽坡顶平台边坡的浅层稳定性分析

根据第 4 章中介绍的模型试验数据与现象可以总结出，对于具有较宽坡顶平台的边坡，边坡在降雨的作用下入渗湿润锋呈现的形状并非规则的平行四边形，湿润锋的锋面并不能够一直与边坡坡面保持平行，而是会与坡面形成一定的夹角，即湿润土体在边坡上呈现为一个近似于梯形的形状。此现象的发现表明原有的边坡浅层稳定性计算理论存在一定的缺陷，不适用于这种情况，浅层边坡滑动体的自重并非简单的平行四边形，而是需要在原有平行四边形的基础上增加一个三角形的外加区域，如图 7-11 所示，图中从上至下分成 A、B、C 三个区间。

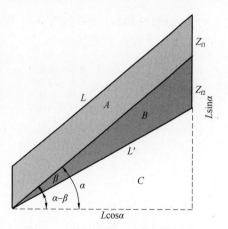

图 7-11 边坡浅层滑动体形状

从图中可以看出，A 区为原计算公式中滑动体区域，B 区为考虑入渗的不统一性后增加的部分，也可称之为附加滑体。因此，该结果表明用原有的浅层稳定性计算方法即式（7-19）计算出的结果比实际稳定性要高，由此对浅层稳定性计算公式进行改进。从图 7-11 中可以看出，浅层边坡近似看作梯形后稳定性计算中所对应的滑动面、体积等也将随之改变。其中下滑力变为：

$$S = W\sin\alpha = 0.5(2Z_{f1} + Z_{f2})\gamma\beta L\cos\alpha\sin\alpha \tag{7-19}$$

式中 α——边坡角度，°；

β——滑动面与坡面夹角，°；

Z_{f1}——原湿润锋深度，cm；

Z_{f2}——附加湿润锋深度，cm。

由于 Z_{f2} 可以根据坡面与滑动面夹角 β 来确定，因此：

$$Z_{f2} = L[\sin\alpha - \sin(\alpha - \beta)] \tag{7-20}$$

抗滑力依然分为底面抗滑力以及侧面抗滑力，其中底面抗滑力为：

$$R_1 = \tau L'B = (c + \sigma\tan\varphi)L'B \tag{7-21}$$

由于 L' 也是由夹角 β 来确定，所以：

$$L' = \frac{L\cos\alpha}{\cos(\alpha - \beta)} \tag{7-22}$$

将式（7-22）代入式（7-21）中可得：

$$R_1 = \frac{[c + 0.5(2Z_{f1} + Z_{f2})\gamma\cos\alpha\tan\varphi]BL\cos\alpha}{\cos(\alpha - \beta)} \tag{7-23}$$

侧面抗滑力为：

$$R_2 = c[(2Z_{f1} + Z_{f2})L\cos\alpha + (Z_{f1} + Z_{f2})B] \tag{7-24}$$

由此可以得出安全系数的计算公式为：

$$K = \frac{R}{S} = \frac{R_1 + R_2}{S} \tag{7-25}$$

$$K = \frac{\dfrac{[c + 0.5(2Z_{f1} + Z_{f2})\gamma\cos\alpha\tan\varphi]BL\cos\alpha}{\cos(\alpha - \beta)} + c[(2Z_{f1} + Z_{f2})L\cos\alpha + (Z_{f1} + Z_{f2})B]}{0.5(2Z_{f1} + Z_{f2})\gamma BL\cos\alpha\sin(\alpha - \beta)}$$

$$\tag{7-26}$$

从式（7-26）可以看出，坡面与滑动面夹角 β 的值为求解的关键。根据室内模型试验数据统计结果可以分析得到全风化花岗岩在降雨边坡入渗过程中的夹角 β 的变化规律，用表 5-2 中的数据进行对比分析，用二次函数 $y = ax^{1/2} + b$ 对滑动面与坡面夹角 β 在时间 t

上的变化进行拟合，结果如图 7-12 所示，从结果发现边坡上的夹角 β 的变化规律也与时间的 1/2 次方存在紧密联系。

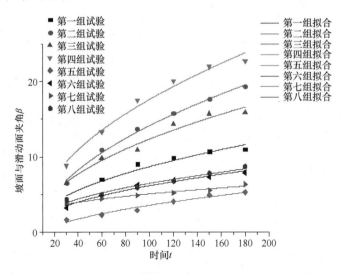

图 7-12　坡面与滑动面夹角变化规律

从图 7-12 中可以看出，八组试验中坡面与滑动面夹角 β 的增长幅度均随时间的延长而相对减小；坡度陡的第一至四组试验中夹角 β 无论从变化幅度还是数值上都比坡度较缓的第五至八组试验要大许多，这也说明坡度越大边坡浅层滑体的附加部分体积也越大，而坡度越小该部分体积也越小；从降雨强度大的第三、第四、第七和第八组试验来看，分别比相对应降雨强度较小的第一、第二、第五和第六组次的变化值以及幅度要大；经过生态植被护坡的第一、第三、第五和第七组次分别比相对应的第二、第四、第六和第八组次裸坡的变化要小。从图中变化不难得出主导变化的因素为坡度，其次是生态植被作用因素，雨强所起作用最小。图 7-12 中所拟合的曲线都具有较高的拟合精度，通过此分析可以简单地对夹角 β 的变化进行时间上的推算。夹角 β 拟合系数见表 7-5 所列。

夹角 β 拟合系数　　　　　　　　　　　　　　　　表 7-5

系数 试验组数	a	b	R^2
第一组	0.85182	0.18878	0.94312
第二组	1.58719	-1.75422	0.99424
第三组	1.25054	-0.16704	0.95981
第四组	1.81053	-0.51265	0.97510
第五组	0.49175	-1.33246	0.95924
第六组	0.58445	0.32257	0.97156
第七组	0.29706	2.11428	0.95775
第八组	0.56181	0.87310	0.95678

通过三次曲线可以较好地对该数据进行拟合分析，拟合优度均在 94% 以上。根据表 7-4 所得系数可以推算出不同时间上的各试验中或各不同条件下的夹角 β 的数值变化情况，

见表 7-6 所列。

推算得出的夹角 β 值　　　　　　　　　　表 7-6

时间（h） \ 试验组次	第一组	第二组	第三组	第四组	第五组	第六组	第七组	第八组
3	10.93	19.24	15.90	22.66	5.30	7.92	6.36	8.73
4	13.39	22.83	19.21	27.54	6.29	9.38	6.72	9.58
5	14.94	25.74	21.49	30.85	7.18	10.45	7.26	10.60
6	16.35	28.36	23.56	33.84	7.75	11.41	8.00	11.53
7	17.65	30.77	25.46	36.59	8.20	12.30	8.75	12.39
8	18.85	33.02	27.23	39.15	8.62	13.13	9.44	13.18

　　由此可以得到计算浅层边坡稳定性安全系数的所有数据，包括降雨持续 3h 过程中的实测数据以及 3～8h 的公式推算数据。据此对降雨边坡的浅层稳定性进行计算分析。

7.4.1　有无植被护坡的稳定性对比分析

　　在相同的坡度条件以及降雨条件下，分别对裸坡以及生态植被边坡进行稳定性安全系数计算，如图 7-13、图 7-14 所示，其中图 7-13 的坡度为 1∶1.5，图 7-14 的坡度为 1∶0.75。

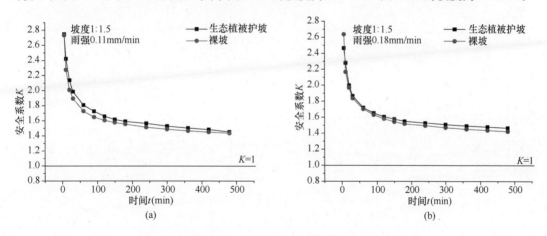

图 7-13　坡度为 1∶1.5 的有无生态护坡的安全系数

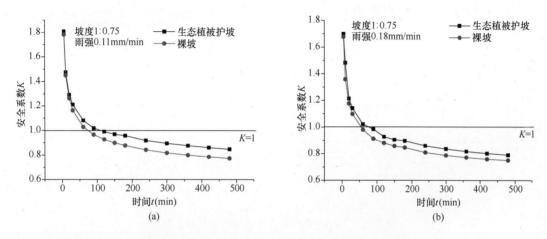

图 7-14　坡度为 1∶0.75 的有无生态护坡的安全系数

从图 7-13 与图 7-14 中能够得出，在降雨的持续作用下，边坡的安全系数随时间的增长或水的入渗深度的不断增加而不断减小，从图 7-14（a）、（b）中可以看出，边坡从最初的稳定阶段经过降雨入渗稳定性不断减弱，直至边坡达到临界状态，并随时间的持续进入不稳定状态阶段；而图 7-13（a）、（b）两图中的数据显示，边坡在降雨入渗过程中虽然也呈现出安全系数不断减小的规律，但其在 1∶1.5 的坡度条件下，在 8h 的持续降雨时间范围内始终未达到临界状态或不稳定状态，而在同等条件下的 1∶0.75 坡度的边坡较早地就进入了临界状态。因此可以得出，边坡的稳定性影响条件中，坡度所起的作用较为关键。综合图 7-13、图 7-14 中的四个图可以看出，具有生态植被护坡的边坡与无防护的边坡相比，能够起到一定的稳定性提升效果，在降雨初期该效果不明显，但随降雨时间的持续此效果会不断增大。

7.4.2　降雨强度对边坡稳定性影响分析

将相同坡度条件以及相同防护条件下的边坡在不同降雨条件下进行稳定性安全系数对比分析，如图 7-15、图 7-16 所示，其中图 7-15 为生态植被边坡在不同条件下的安全系数对比，图 7-16 为裸坡在不同条件下的安全系数对比。

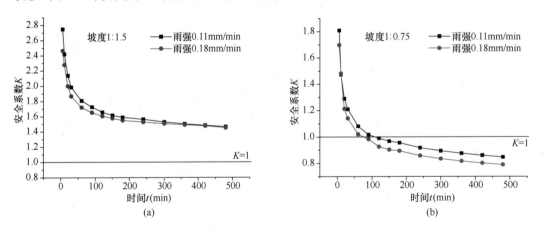

图 7-15　不同坡度、雨强下的生态植被护坡的安全系数

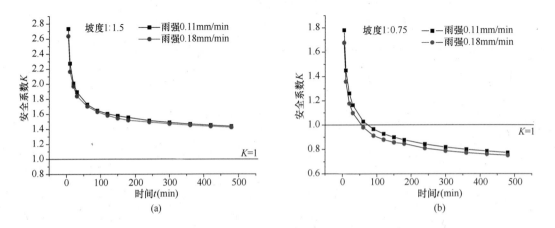

图 7-16　不同坡度、雨强下的裸坡的安全系数

图 7-15 为针对生态植被护坡的安全系数分析，图 7-16 是针对裸坡的稳定性安全系数分析，两组图都包括了两类不同降雨强度以及不同坡度的边坡安全系数，其中各组（a）图为坡度 1∶1.5，（b）图为坡度 1∶0.75。从图中可以看出，坡度较小的边坡稳定性较高，坡度大的较容易失稳；降雨强度方面，雨强大的在各组对比中的表现均为更容易失稳，从图 7-15（a）以及图 7-16（a）中可见，雨强因素在较小坡度的各类边坡上表现更不明显，反之，在坡度较大的各类边坡上的表现更加显著；无论降雨强度是大是小，图 7-16 的稳定性安全系数曲线相对于图 7-15 显得更陡，即各类条件下的裸坡的安全系数下降速率要快于生态植被护坡的，且从图中两曲线的紧密程度可以发现有生态植被护坡的边坡在不同降雨强度条件下表现出的区别更大，而在裸坡中此类表现更不明显。

由此可以看出生态植被护坡在边坡浅层稳定方面是能够起到一定作用的，特别是在地势坡度较陡、雨量较大的地区，在部分位置还应当增加其他类型的防护措施，如土工格式、三维网加固或是增设锚杆等，以提升边坡的浅层乃至整体的稳定性。

7.4.3   改进方法与原方法对比分析

将相同条件下的浅层边坡稳定性分别用原计算方法与改进后的计算方法进行比较分析，如图 7-17（a）～（h）所示。

图 7-17 为各组次试验的安全系数随时间变化图，图中对浅层稳定性原计算方法与改进后的计算方法进行对比。在不同的坡度、固土类型以及降雨条件下的各类边坡均进行了

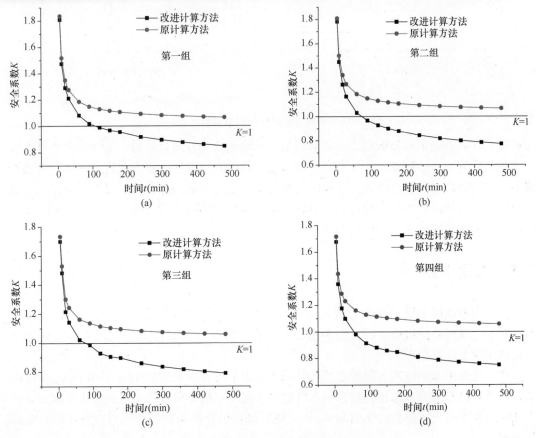

图 7-17   不同方法计算的安全系数（一）

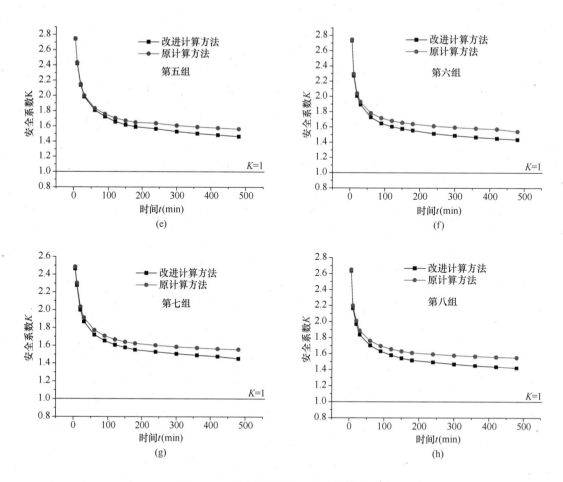

图 7-17　不同方法计算的安全系数（二）

两种计算方法的稳定性分析对比，结果表明，采用原计算方法对边坡稳定性安全系数进行计算的结果偏大，数据显示较为安全，而通过改进后的稳定性计算方法进行计算所得结果偏小，说明符合之前对边坡入渗分析中具有附加区域危害的情况存在。两类方法在对边坡稳定性越发不利的条件下表现得越为明显，如边坡坡度越陡、降雨强度越大，两种计算方法所计算出的数据结果差别也越明显。

7.5　本章小结

（1）边坡浅层失稳主要因为薄弱面存在，对于岩石边坡，土层与岩石之间存在薄弱面；对于三维网防护边坡，客土与本土之间为薄弱面；对于 SNS 防护边坡，锚杆间土体与边坡深层土体易剥离。

（2）现有生态护坡的无限坡模型计算公式考虑了植物根系加筋作用对边坡稳定性的影响，但是并没有区分考虑植物根系深入滑裂面情况，当植物根系处于滑裂面之上时，也认为此时的根系对土体的加筋作用为 $c_r + c_s$，则将高估植物根系加筋作用对边坡浅层稳定性的影响。

（3）分情况推导了生态边坡浅层稳定计算公式，结果表明，当植物根系未穿过潜在滑裂面时，植物根系对边坡浅层稳定性不起作用，当植物根系穿过潜在滑裂面时，植物根系的加筋作用，能够显著提高边坡安全系数；在相同条件下，坡度越小边坡的稳定性越高，坡度越大越容易失稳，在影响边坡稳定性的因素中坡度因素权重较大。

（4）推导了降雨入渗下生态边坡浅层稳定计算公式，计算表明，生态植被护坡在边坡稳定方面能够起到一定的积极作用，该作用效果会随降雨的持续而增加，且生态植被边坡的安全稳定性在降雨持续条件下的下降速度要慢于裸坡；降雨强度越大，在各相同条件下的边坡越容易失稳。

（5）对于具有较宽坡顶平台的边坡，边坡在降雨的作用下入渗湿润锋并不能够一直与边坡坡面保持平行，而是会与坡面形成一定的夹角，即湿润土体在边坡上呈现为一个近似于梯形的形状。若取湿润锋面为潜在浅层滑裂面，则无限坡模型不再适用。推导了该情况边坡浅层稳定性计算的梯形公式，通过室内模型试验的拟合数据，进行了算例分析，结果表明，梯形公式计算结果比无限坡公式计算结果小，且有时在无限坡公式计算结果为安全的情况下，梯形公式计算结果显示边坡会产生浅层滑坡破坏。可见，对于具有较宽坡顶平台的边坡，尤其应做好坡顶的排水措施，减少雨水的入渗和浅层滑塌的发生。

第8章 生态边坡长期稳定性分析

植被护坡是一个复杂的、长期的和动态的过程，并且受全年气候因素、环境变化和人为因素干扰较大，因此对植被护坡的时间尺度效应进行相应的连续观测，研究护坡植被的生长状态和演替规律，探讨生态边坡的长期稳定性和植被护坡的可持续能力，具有重要的意义。

本章在前人的研究基础之上，基于非饱和渗流理论、根系固土机理和非饱和土抗剪强度理论，考虑降雨、植物截留、坡面蒸发和植物蒸腾等气候—植物综合因素，以某高速江西境内赣州段工程边坡为背景工程，利用岩土仿真软件 GeoStudio 建立分析模型，研究植被生长不同阶段下边坡的长期稳定性。

8.1 GeoStudio 介绍

GeoStudio 是加拿大 GEO-SLOPE 公司开发的一套功能强大、适用于岩土工程和岩土环境模拟计算的软件，在地质构造、土木工程、采矿工程、岩土工程、地下水分析中得到了广泛应用。GeoStudio 包括 SLOPE/W、SEEP/W、SIGMA/W、QUAKE/W、TEMP/W、CTRAN/W、AIR/W 及 VADOSE/W 八种专业分析软件模块，其突出优点是所有模块都可以在同一环境下运行，在一个模块里定义的模型边界条件和材料特性等可以在其他模块中使用，在别的模块中进行计算时不需要再定义模型的边界条件和材料特性。GeoStudio 的各模块间可以结合运用，分析结果可以相互调用。

8.1.1 SLOPE/W 与极限平衡法

SLOPE/W 模块使用极限平衡理论对不同土体类型、复杂地层和滑移面形状的边坡中的孔隙水压力分布状况进行建模分析，SLOPE/W 提供多种不同类型的土体模型，并使用确定性的和随机的输入参数方法来进行分析，也可进行随机稳定性分析。除用极限平衡理论计算土质和岩质边坡（含路堤）的安全性外，SLOPE/W 模块还使用有限元应力分析法来对大部分边坡稳定性问题进行有效计算和分析。

SLOPE/W 模块包含 Morgenstern-Price、GLE、Spencer、Bishop、Ordinary、Janbu、Sarma 等多种极限平衡方法，可以使用摩尔-库伦准则（Mohr-Coulomb）、双线性准则（Bilinear）、不排水准则（Phi＝0）、各向异性强度准则（Anisotropic）、切向/法向函数准则及其他各种类型的土体强度模型。

多场耦合分析提高了 SLOPE/W 同其他模块耦合计算的能力。SLOPE/W 模块可以从 SEEP/W、SIGMA/W、QUAKE/W、VADOSE/W 等模块中调用孔隙水压力值，可以从 SIGMA/W 模块或 QUAKE/W 模块中调用应力值。

其中，Morgenstern-Price 方法考虑了饱和—非饱和土力平衡和力矩平衡，其中力矩平衡安全系数和力平衡安全系数如下：

$$F_{\mathrm{m}} = \frac{\sum\left\{c'\beta R + \left[N - u_{\mathrm{w}}\beta\dfrac{\tan\varphi^{\mathrm{b}}}{\tan\varphi} - u_{\mathrm{a}}\beta\left(1 - \dfrac{\tan\varphi^{\mathrm{b}}}{\tan\varphi}\right)\right]R\tan\varphi'\right\}}{\sum W_x - \sum Nf + \sum kW_\theta + \sum Dd \pm \sum Aa} \tag{8-1}$$

$$F_{\mathrm{f}} = \frac{\sum\left\{c'\beta\cos\alpha + \left[N - u_{\mathrm{w}}\beta\dfrac{\tan\varphi^{\mathrm{b}}}{\tan\varphi} - u_{\mathrm{a}}\beta\left(1 - \dfrac{\tan\varphi^{\mathrm{b}}}{\tan\varphi}\right)\right]\tan\varphi'\cos\alpha\right\}}{\sum N\sin\alpha + \alpha\sum kW - \sum D\cos\omega \pm \sum A} \tag{8-2}$$

8.1.2 SEEP/W 与饱和—非饱和土渗流理论

SEEP/W 模块是一款用于分析多孔渗水材料，如土体和岩石中的地下水渗流和超孔隙水压力消散问题的有限元软件。SEEP/W 能分析从简单的饱和稳态到复杂的不饱和时变问题。在 SEEP/W 模块中，通过渗流有限元计算，可以分析边坡在不均匀饱和条件、非饱和条件下的孔隙水压力，也可以对边坡稳定时的瞬态孔隙水压力进行分析。通过瞬态分析，可以得出不同时刻不同点的孔隙水压力分布状况。

SEEP/W 模块还可以从 SIGMA/W 或 QUAKE/W 模块中导入消散的超孔隙水压力，也可以将 SEEP/W 模块中的孔隙水压力用于 SLOPE/W 模块中，用于分析因孔隙水压力随时间变化而产生的稳定性变化。

SEEP/W 模块采用了饱和—非饱和土的渗流理论，根据质量守恒原理和广义达西定律，可得出饱和—非饱和渗流控制方程为：

$$\frac{\partial}{\partial x}\left(k_x\frac{\partial H}{\partial x}\right) + \frac{\partial}{\partial y}\left(k_y\frac{\partial H}{\partial y}\right) + Q = m_{\mathrm{w}}\gamma_{\mathrm{w}}\frac{\partial H}{\partial t} \tag{8-3}$$

式中　H——总水头；

　　　k_x——x 方向渗透系数；

　　　k_y——y 方向渗透系数；

　　　Q——施加的边界流量；

　　　m_{w}——储水曲线的斜率；

　　　γ_{w}——水的重度；

　　　t——时间。

求解上述方程需先确定储水曲线（m_{w} 为其斜率）和渗透系数，而渗透系数由于其值变化很大且不易直接量测，通常是采用经验公式、理论模式或数学统计模型来加以预测。Fredlund 等推荐的公式来预测土水特征曲线（SWCC）和渗透系数得到了广泛的应用。

8.1.3 VADOSE/W 与气候环境因素

VADOSE/W 是一款革命性的软件，可以模拟环境变化、蒸发、地表水、渗流及地下水对某个区域的影响，它包含了全面的模型公式，可以对简单和复杂的环境状况和地下水渗流相结合的问题进行分析。比如 VADOSE/W 软件分析考虑了雪的融化、植物根部的蒸发、表面蒸发、流走、积聚、气体扩散等多种因素影响的非常复杂的模型。

VADOSE/W 采用了考虑气候—植被因素的饱和—非饱和渗流理论，其流体质量连续方程为：

$$\frac{1}{\rho_{\mathrm{w}}}\frac{\partial}{\partial x}\left(D_{\mathrm{V}}\frac{\partial P_{\mathrm{V}}}{\partial x}\right) + \frac{1}{\rho_{\mathrm{w}}}\frac{\partial}{\partial y}\left(D_{\mathrm{V}}\frac{\partial P_{\mathrm{V}}}{\partial y}\right) + \frac{1}{\rho_{\mathrm{w}}g}\frac{\partial}{\partial x}\left(k_{\mathrm{x}}\frac{\partial P}{\partial x}\right) + \frac{1}{\rho_{\mathrm{w}}g}\frac{\partial}{\partial y}\left(k_{\mathrm{y}}\frac{\partial P}{\partial y}\right) + q_{\mathrm{V}}$$
$$= m_{\mathrm{w}}\frac{\partial P}{\partial t} \tag{8-4}$$

式中　ρ_w——水的密度；

$\quad\quad P_V$——湿土的蒸汽压；

$\quad\quad D_V$——蒸汽消散系数；

$\quad\quad g$——重力加速度；

$\quad\quad k_x$——x 方向土体的渗透系数；

$\quad\quad k_y$——y 方向土体的渗透系数；

$\quad\quad q_V$——边界水体积流量；

$\quad\quad P$——总压力；

$\quad\quad m_w$——储水曲线的斜率；

$\quad\quad t$——时间。

热传导方程为：

$$L_V \frac{\partial}{\partial x}\left(D_V \frac{\partial P_V}{\partial x}\right) + L_V \frac{\partial}{\partial y}\left(D_V \frac{\partial P_V}{\partial y}\right) + \frac{\partial}{\partial x}\left(\lambda_{thx} \frac{\partial T}{\partial x}\right) + \frac{\partial}{\partial y}\left(\lambda_{thy} \frac{\partial T}{\partial y}\right) + q_{Vth} = \lambda_{th} \frac{\partial T}{\partial t}$$

$$(8-5)$$

式中　L_V——蒸汽潜在热；

$\quad\quad \lambda_{thx}$——x 方向热传导率；

$\quad\quad \lambda_{thy}$——y 方向热传导率；

$\quad\quad q_{Vth}$——边界热体积流量；

$\quad\quad T$——温度；

$\quad\quad \lambda_{th}$——热传导率。

总压力 P、温度 T 和蒸汽压 P_V 的关系可用 Edlefsen 等提出的关系式：

$$P_V = P_{VS}\exp[-PM_{r,w}/(\rho_w RT)] = P_{VS}h_{r,air} \quad\quad (8-6)$$

式中　P_{VS}——自由水的饱和蒸汽压；

$\quad\quad M_{r,w}$——水蒸气的相对分子质量；

$\quad\quad R$——气体常数；

$\quad\quad h_{r,air}$——空气的相对湿度。

求解上述方程需要土壤的土水曲线和渗透系数函数，其取值方法与 SEEP/W 模块一样。

土壤蒸发量与气候气象、土壤含水量和空气的相对湿度等因素有关，可按照 Penman-Wilson 公式计算：

$$E = \frac{\Gamma Q + \upsilon E_a}{\upsilon A + \Gamma} \quad\quad (8-7)$$

$$E_a = f(u)P_a(B - A)$$

$$f(u) = 0.35(1 + 0.15U_a)$$

式中　E——垂向蒸发流量；

$\quad\quad \Gamma$——饱和蒸汽压随温度变化曲线在平均温度处的斜率；

$\quad\quad Q$——表面有效的净辐射能量；

v——物理化学常数；

A——土壤表面相对湿度倒数，即 $1/h_r$；

$f(u)$——风速、表面粗糙度、涡流扩散的函数；

U_a——风速；

P_a——蒸发表面上的空气的蒸汽压力；

B——空气相对湿度倒数，即 $1/h_a$。

植物蒸腾为植物根系从土壤中吸收水分，并以水汽形式向大气中散失的过程。在土壤表面为植物所覆盖的情况下，这是土壤水分转移到大气中的主要途径。光照、气温、空气湿度等环境因子影响着植物的蒸腾量。植物的蒸腾量可按下式计算：

$$T_p = E_p(-0.21 + 0.7\sqrt{LAI}) \tag{8-8}$$

式中 T_p——植物蒸腾量；

E_p——潜在蒸腾量；

LAI——叶面积指数。

如果土壤部分饱和，则实际蒸腾量为：

$$T_a = \frac{2T_p}{R_t}\left(1 - \frac{R_n}{R_t}\right)A_n f_{PML} \tag{8-9}$$

式中 T_a——实际蒸腾量；

R_n——模拟中的节点深度；

R_t——根区的总厚度；

A_n——模拟中节点的代表区域；

f_{PML}——当前孔隙水负压的植物湿度界限函数值。

8.2 工程算例

8.2.1 计算模型及参数

选取某高速江西境内赣州段某土质边坡作为工程背景，该区主要地层以燕山期花岗岩为主，岩性主要为花岗岩残坡积土，风化程度高，在地表水作用下，边坡极易失稳。路线带所经过地区属亚热带季风气候区，气候温暖、湿润，雨量充沛。多年平均降雨量为1510.8mm，年最高降雨量 2595.5mm，年最低降雨量 938.5mm，每年 4～6 月为汛期，占年降雨量 50%以上。边坡采用平面网客土植生的生态边坡防护形式，采用草本植物和灌木植物的种子按一定配比混合播种。

取一边坡，坡高 11m，为水平分布的上下两层土层，其中底层为强风化花岗岩，上层为全风化花岗岩，在边坡的表层有 1m 厚度为植被根系土。根据工程实际应用情况选取 4种不同坡度进行对比分析，模型具体参数见表 8-1。图 8-1 为模型 1 的地质剖面情况，并选取坡脚处点 A（10，10）作为一个结果指示点。计算所采用的材料参数见表 8-2 所列。其中全风化花岗岩和强风化花岗岩的土水曲线和渗透系数函数采用 Fredlund-Xing 方法拟合，曲线如图 8-2、图 8-3 所示。图 8-4 为两种土层的热传导系数函数曲线。

模　型　参　数　　　　　　　　　　　　　　　　　　　　表 8-1

模型编号	坡度	坡角（°）	模型高度（m）	模型长度（m）	根系土深度（m）	节点数	单元数
模型 1	1∶2	26.6	21	40	1	1433	1355
模型 2	1∶1.25	38.7	21	32.5	1	1126	1058
模型 3	1∶1	45.0	21	30	1	1040	975
模型 4	1∶0.75	53.1	21	27.5	1	956	894

材　料　参　数　　　　　　　　　　　　　　　　　　　　表 8-2

层号	饱和渗透系数（m/d）	饱和体积含水量（%）	质量比热（kJ/（g·℃））	热传导系数（kJ/（d·m·℃））	重度（kN/m³）	黏聚力（kPa）	内摩擦角（°）
1	0.1296	0.42	0.0008	125	19.2	21	24
2	0.1037	0.38	0.001	164	20.3	25	24

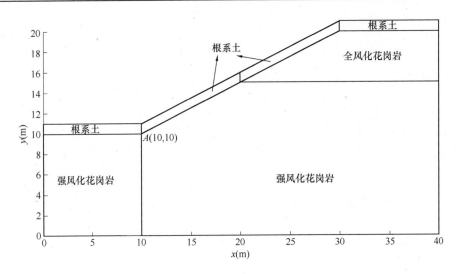

图 8-1　边坡剖面示意图（模型 1）

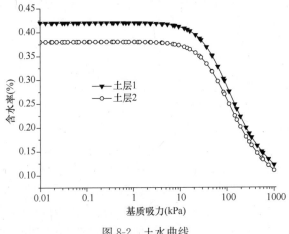

图 8-2　土水曲线

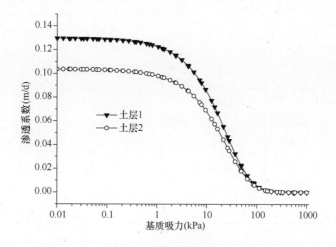

图 8-3　渗透系数函数

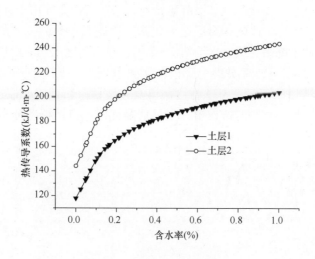

图 8-4　热传导系数函数

8.2.2　边界条件及初始条件

（1）模型右侧为分水岭，设为零流量边界；模型左侧设为远场边界，左右边界远离边坡，对边坡主体的影响较小。

（2）程序自动进行降雨、坡面蒸发和植物蒸腾的水分交换计算，当孔隙水压力小于 0 时为第二类边界条件，又称为 Newman 类型边界条件即流量边界；反之为第一类边界条件，又称为 Dirichiet 边界条件即水头边界。

（3）模型底面设为不透水边界。

（4）假定坡面坡角有排水措施，在降雨过程中不出现地表径流的汇集。

（5）为了进行后续的降雨蒸发蒸腾的瞬态渗流计算，需要预先确定初始的地下水分布情况，取该地区年均降雨流量（0.0072m/d）的稳态渗流分析结果作为初始状态。图 8-5 为模型 1 的初始压力水头分布情况。

8.2.3　气候条件与植被情况

后续分析参照该地区 2012 年汛期的气候条件，包括日最高气温、日最低气温、日最

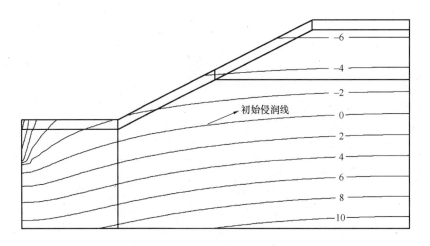

图 8-5　初始压力水头分布（模型 1）

高相对湿度、日最低相对湿度、风速及降雨情况，选取其中 30d 用于计算。图 8-6 为该地区气温变化图，图 8-7 为该地区相对湿度变化图，风速取 4.5m/s。为了便于分析，将降雨条件设置为 2 次集中降雨，第一次为第 6～7 天，降雨强度 120mm/d，第二次为第 19～24 天，降雨强度 40mm/d，两次集中降雨的强度和时间不同，但降雨总量一样，均为 240mm。对于植物截留的雨量，考虑林冠截留及边坡枯落物截留，假设植被在每一次降雨中的最大截留量为 6cm。同时假设植物生长情况良好，植被根系分布深度取 1.0m，叶面积指数 LAI 取 3.0。

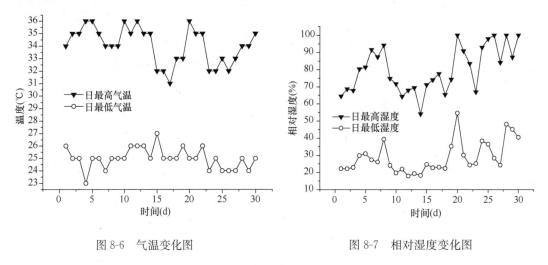

图 8-6　气温变化图　　　　　　　　　图 8-7　相对湿度变化图

8.3　结果分析

8.3.1　非饱和根系土抗剪强度各项指标比较分析

从非饱和根系土抗剪强度公式可以看出，对于非饱和含根土质边坡，其稳定性能由三大部分组成，即基本抗剪强度 $c' + (\sigma - u_a)\tan\varphi'$、根系产生的黏聚力增量 ΔC 和基质吸力的贡献量 $(u_a - u_w)\tan\varphi^b$。前人在研究生态边坡稳定性时多偏重于根系固土对安全系数的贡献，很少全盘考虑三大因素的影响，为了定量研究这三大组成部分对边坡稳定性的贡献，在上述模型的基础之上进行了非饱和根系土抗剪强度各项指标的比较分析。

在参考前人研究成果和进行室内根系土直剪试验的基础之上，假定根系产生的"黏聚力"增量 ΔC 取 5kPa、10kPa、15kPa 和 20kPa 四个幅度，并采用模型初始水文条件下的基质吸力，若不考虑基质吸力则假定 $\varphi^b=0$。四个模型各种情况下的边坡安全系数计算结果见表 8-3 所列，图 8-8 为考虑基质吸力后的安全系数相对于不考虑基质吸力安全系数的平均提高率。从表 8-3 中可以看出，黏聚力增量 ΔC 产生的安全系数提高率对各个模型（对应不同的坡度）的两种情况（考虑或不考虑基质吸力）均相近，且效果有限，平均在 2％左右。从图 8-8 可以看出，基质吸力对边坡安全系数的贡献较大，且随着坡度的增大而增大，最大达 29.8％。由此可见，基质吸力对边坡的稳定性具有重大的贡献，且坡度越大贡献越大，大部分滑坡正是由于降雨入渗使得土壤的基质吸力丧失造成的，在研究生态护坡的贡献时不应忽略水文效应的影响。

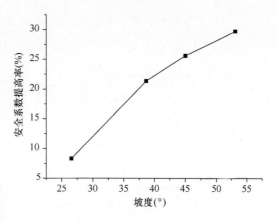

图 8-8 考虑基质吸力后安全系数平均提高率

边坡安全系数计算汇总　　　　　　　　　　表 8-3

模型编号	Δc （kPa）	0	5	10	15	20
1	不考虑基质吸力	2.171	2.182	2.193	2.207	2.221
	考虑基质吸力	2.349	2.363	2.379	2.388	2.409
	提高率（％）	8.20	8.30	8.48	8.20	8.46
2	不考虑基质吸力	1.676	1.702	1.715	1.712	1.717
	考虑基质吸力	2.049	2.058	2.069	2.08	2.089
	提高率（％）	22.26	20.92	20.64	21.50	21.67
3	不考虑基质吸力	1.498	1.505	1.518	1.528	1.538
	考虑基质吸力	1.889	1.895	1.909	1.916	1.923
	提高率（％）	26.10	25.91	25.76	25.39	25.03
4	不考虑基质吸力	1.308	1.305	1.317	1.328	1.339
	考虑基质吸力	1.699	1.708	1.71	1.716	1.727
	提高率（％）	29.89	30.88	29.84	29.22	28.98

8.3.2 气候—植被综合作用下渗流场分析

图 8-9 显示出了模型 1 在第 0、6、7、19、24、30 天时的浸润线，分别对应初始水位、两场降雨开始和结束时刻及最后时刻。图 8-10 表示模型 1 点 A 处的基质吸力随时间的变化趋势，其中"无植被"表示不考虑植物截留和蒸腾作用。从图 8-9 可以看出，降雨使得侵润线抬升，蒸发蒸腾则使得侵润线下降，且侵润线升降变化最大的地方在边坡的坡脚处，在实际观测中也验证了下雨时坡脚处容易产生积水而出现正孔隙水压力。从降雨强

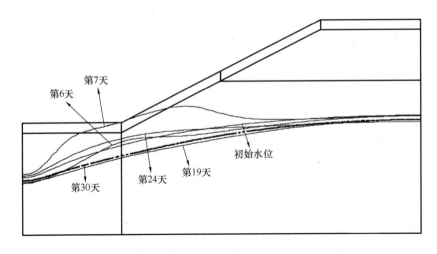

图 8-9　水位变化图（模型 1）

度来看，第 7 天的侵润线明显高于第 24 天的侵润线，说明降雨强度越大，对边坡内部水分分布的影响越大，越容易产生边坡失稳。从图 8-10 可以看出，两次降雨均会使得坡脚处（点 A）的基质吸力下降直至丧失，当边坡有植被防护后，由于植被的蒸腾作用，会延缓基质吸力的下降，这种延缓作用在第二次降雨条件下表现得更为明显。其他计算模型也得到了类似的结果。

8.3.3　气候—植被综合作用下稳定性分析

根据瞬态渗流场中的孔隙水压力分布，采用极限平衡法可获取边坡在不同时刻的安全系数，图 8-11 为模型 1 计算的边坡安全系数随时间变化的趋势图，图 8-12 为植被护坡相较裸坡安全系数的提高率。从图 8-11 可以看出，在两次降雨过程中，边坡的安全系数均明显下降，并且随着降雨的继续而持续下降，这是由于降雨入渗使得坡体中的基质吸力减小（图 8-10），基质吸力而产生的"表观凝聚力"强度丧失，非饱和根系土抗剪强度减小，边坡安全系数也随之减小。

从降雨强度来看，两次降雨的总量相等，但第一次降雨所导致的安全系数的降低要明显大于第二次，表明在相同的降雨总量下，降雨强度越大边坡安全系数下降越大，这也解

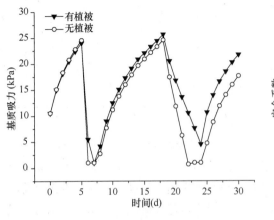

图 8-10　基质吸力变化曲线（模型 1 点 A）

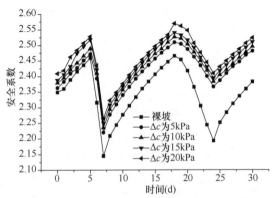

图 8-11　安全系数随时间变化（模型 1）

释了为什么强降雨会伴随着边坡滑坡等地质
灾害产生这一事实。降雨完成后，由于坡面
蒸发和植物蒸腾作用，坡体中的水分将会散
失，基质吸力会上升，表观凝聚力得到补偿，
表现为土体的强度增大，安全系数也逐渐增
大。此外，考虑了根系产生的黏聚力增量 Δc
的 4 条安全系数曲线相差不大，但均明显高
于裸坡状态下的安全系数曲线，说明了植物
根系固土产生的黏聚力增量对边坡安全系数
的贡献不大。同时，结合图 8-12 可以看出，
植物蒸腾作用对不同坡度边坡的安全系数均
有一定的提高，在强降雨条件下（雨型 1），

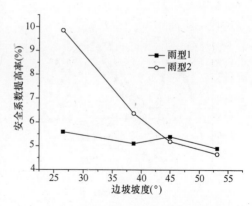

图 8-12 植被护坡相较裸坡安全系数提高率

不同边坡安全系数提高率相差不大，在 5% 左右；当降雨强度不大（雨型 2）的时候，安
全系数的提高随着边坡坡度的减小而增大，最大达 9.8%。由此可见，在评价边坡稳定性
受气候和植被影响时，坡面蒸发、植被截留和蒸腾作用是不可忽视的重要因素。

8.3.4 植被生长不同阶段边坡稳定性的影响

生态边坡是一个复杂的、长期的和动态的系统，随着植被的生长，其对边坡的力学效
应和水温效应的作用越来越大，在植被生长的不同阶段，体现出来的是"根—土复合体"
的黏聚力、降雨截留能力、植被根系分布深度及叶面积指数 LAI 的不同。模型和气候条
件不变，选取 4 个植被生长阶段作为对比研究，其参数见表 8-4 所列，从阶段 1 到阶段 4，
表示植被生长越来越好。模型计算结果如图 8-13～图 8-16 所示。

不同生长阶段植被指标 表 8-4

植被生长阶段	降雨截留能力（cm）	根系分布深度（m）	叶面积指数 LAI
阶段 1	2	0.1	0.5
阶段 2	3	0.4	1
阶段 3	4	0.7	2
阶段 4	6	1.0	3

从 图 8-13～图 8-16可以看出，对于不同坡度的边坡，植被的生长对边坡稳定安全系数

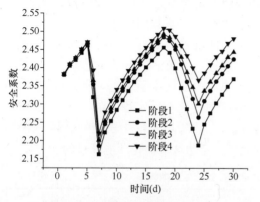

图 8-13 不同生长阶段安全系数
随时间变化（模型 1）

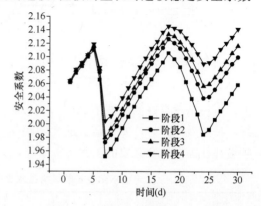

图 8-14 不同生长阶段安全系数
随时间变化（模型 2）

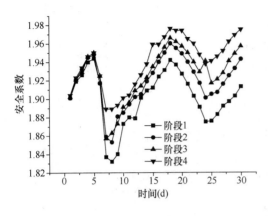

图 8-15 不同生长阶段安全系数
随时间变化（模型 3）

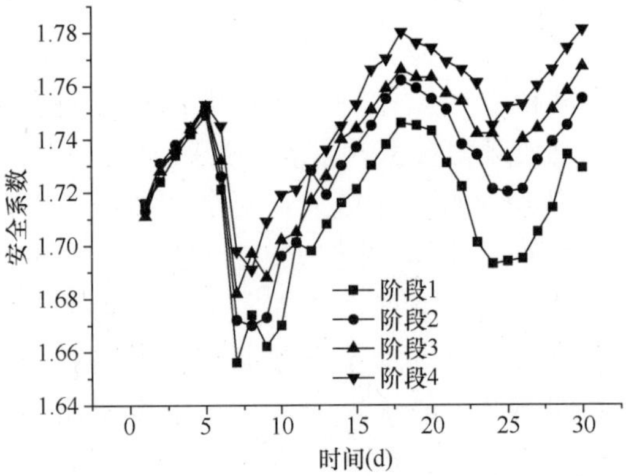

图 8-16 不同生长阶段安全系数
随时间变化（模型 4）

的影响具有类似的规律。以模型 1 为例，在 0～7d 的时间段，各阶段的安全系数曲线基本重合，这是因为计算时间较短，且在这期间有一场暴雨（降雨强度 120mm/d），植被的蒸腾蒸发具有滞后性，可见暴雨的来临对土质边坡的危害较大，植被生长情况对于短时间暴雨侵袭作用的抵抗是有限的。当雨停止后，随着时间的推移，植被的蒸腾蒸发能显著降低边坡内部的水分，提高其强度和安全系数，反映到图上是安全系数显著提高且 4 条曲线的距离逐渐拉开。在 19～24d 的小雨时间段（降雨强度 40mm/d），4 条曲线的距离继续拉大，可见当雨量不太大的时候，植被的生长情况对边坡的安全系数具有较大的影响。

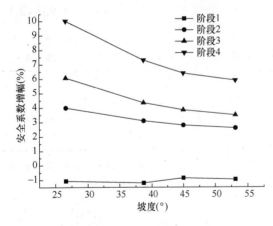

图 8-17 安全系数增幅最大值随边坡
坡度的变化曲线

8.3.5 坡度对植被护坡效果的影响

对所建立的 4 个不同坡度的边坡模型进行对比分析，考虑不同生长阶段植被水文效应后安全系数的最大增幅见表 8-5，安全系数增幅最大值随边坡坡度的变化曲线见图 8-17。从图表可知，总体上看，随着边坡坡度的增加，不同生长阶段的边坡植被对边坡稳定系数的增幅是减小的，且植被生长情况越是良好，这种减小的程度越大，可见，生长情况一般的边坡植被的护坡效果对边坡坡度不敏感，且总体效果较差，生长情况良好的边坡植被的护坡效果随边坡坡度的变化有一定程度的变化，坡度越缓，护坡效果越好，安全系数最大增幅达 10％。因此，当边坡开挖比较陡的时候，植被护坡往往需要结合必要的工程防护措施，共同起到既稳定边坡又美化环境的目的。

考虑不同生长阶段植被水文效应后安全系数的最大增幅（％）　　　　表 8-5

模型	坡度（°）	阶段 1	阶段 2	阶段 3	阶段 4
模型 1	26.6	−1.07	4.0	6.08	10.0

模型	坡度（°）	阶段1	阶段2	阶段3	阶段4
模型2	38.7	−1.20	3.1	4.35	7.3
模型3	45	−0.86	2.8	3.85	6.4
模型4	53.1	−0.96	2.6	3.49	5.9

8.3.6 坡高对植被护坡效果的影响

参考一个实际边坡，边坡共有4层，每层高度8m，平台宽度2m，前三层坡度1:1，最高一层坡度1:1.25，边坡土质条件见前面的描述。对模型进行简化，建立4个不同层数和高度的有限元模型，如图8-18～图8-21所示，不同层数模型安全系数计算表见表8-6～表8-9所列，植被对不同高度边坡安全系数增幅曲线及安全系数曲线如图8-22和图8-23所示。

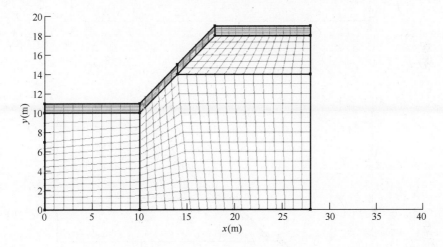

图 8-18　边坡有限元模型（1层）

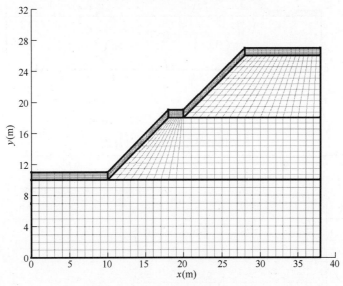

图 8-19　边坡有限元模型（2层）

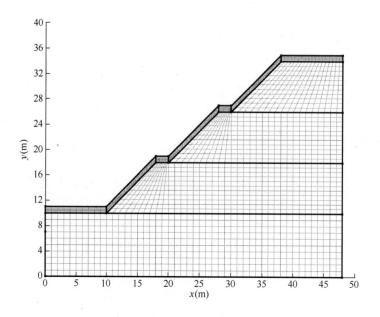

图 8-20　边坡有限元模型（3层）

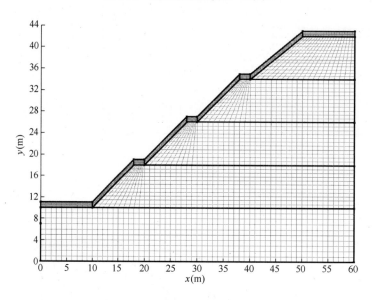

图 8-21　边坡有限元模型（4层）

1层边坡模型安全系数计算表　　　　　　　　　　　　　　　　　　　表 8-6

时间 （d）	无植被	阶段 1		阶段 2		阶段 3		阶段 4	
	FOS	FOS	FOS 增幅 （%）	FOS	FOS 增幅 （%）	FOS	FOS 增幅 （%）	FOS	FOS 增幅 （%）
2	2.16	2.16	−0.1	2.16	0.1	2.16	0.2	2.16	0.1
4	2.21	2.20	−0.5	2.20	0.3	2.20	0.4	2.21	0.4
6	2.15	2.14	−0.3	2.15	0.4	2.19	2.2	2.16	1.2
8	2.04	2.05	0.2	2.07	1.2	2.06	0.8	2.09	2.0

时间 (d)	无植被	阶段 1		阶段 2		阶段 3		阶段 4	
	FOS	FOS	FOS 增幅 (%)	FOS	FOS 增幅 (%)	FOS	FOS 增幅 (%)	FOS	FOS 增幅 (%)
10	2.08	2.08	−0.2	2.10	1.2	2.11	1.7	2.14	2.8
12	2.15	2.12	−1.2	2.14	0.6	2.15	1.2	2.16	1.8
14	2.16	2.15	−0.6	2.18	1.2	2.18	1.6	2.20	2.4
16	2.19	2.18	−0.4	2.22	1.8	2.23	2.1	2.23	2.3
18	2.23	2.21	−0.9	2.23	1.1	2.25	1.6	2.26	2.2
20	2.20	2.18	−0.9	2.21	1.5	2.25	3.3	2.24	2.7
22	2.15	2.13	−0.7	2.17	1.7	2.18	2.3	2.23	4.6
24	2.11	2.09	−0.9	2.14	2.3	2.14	2.6	2.18	4.3
26	2.14	2.11	−1.2	2.15	1.7	2.17	2.6	2.21	4.4
28	2.16	2.14	−1.0	2.18	1.9	2.20	2.6	2.24	4.4
30	2.20	2.17	−1.5	2.23	2.9	2.25	3.9	2.26	4.0

2 层边坡模型安全系数计算表　　　　　　　　　　　　　　表 8-7

时间 (d)	无植被	阶段 1		阶段 2		阶段 3		阶段 4	
	FOS	FOS	FOS 增幅 (%)	FOS	FOS 增幅 (%)	FOS	FOS 增幅 (%)	FOS	FOS 增幅 (%)
2	1.48	1.48	−0.2	1.49	0.7	1.49	0.4	1.49	0.9
4	1.50	1.49	−0.3	1.49	0.1	1.49	−0.1	1.50	0.4
6	1.44	1.44	−0.2	1.45	0.5	1.45	0.8	1.46	1.5
8	1.51	1.50	−0.1	1.43	−4.9	1.43	−4.9	1.53	1.5
10	1.52	1.52	−0.3	1.45	−4.4	1.45	−4.6	1.55	1.8
12	1.55	1.54	−0.4	1.48	−4.4	1.47	−4.9	1.57	1.4
14	1.48	1.47	−0.5	1.49	1.4	1.49	1.2	1.50	2.2
16	1.50	1.49	−0.5	1.51	1.4	1.51	1.3	1.52	2.1
18	1.51	1.50	−0.7	1.52	1.2	1.52	1.1	1.53	2.0
20	1.51	1.50	−0.7	1.52	1.7	1.53	2.3	1.53	2.1
22	1.49	1.48	−0.9	1.50	1.6	1.50	1.4	1.52	2.8
24	1.48	1.46	−1.1	1.49	1.6	1.49	1.8	1.51	3.3
26	1.49	1.48	−0.5	1.50	1.2	1.51	1.7	1.53	3.4
28	1.50	1.49	−0.5	1.51	1.2	1.52	1.9	1.53	2.7
30	1.52	1.51	−0.6	1.52	1.1	1.54	2.0	1.54	2.4

3 层边坡模型安全系数计算表　　　　　　　　　　　　　　表 8-8

时间 (d)	无植被	阶段 1		阶段 2		阶段 3		阶段 4	
	FOS	FOS	FOS 增幅 (%)	FOS	FOS 增幅 (%)	FOS	FOS 增幅 (%)	FOS	FOS 增幅 (%)
2	1.21	1.20	−0.2	1.21	0.4	1.20	0.0	1.20	0.2
4	1.20	1.20	−0.2	1.20	0.2	1.20	0.0	1.20	0.3

时间 (d)	无植被	阶段 1		阶段 2		阶段 3		阶段 4	
	FOS	FOS	FOS 增幅 (%)	FOS	FOS 增幅 (%)	FOS	FOS 增幅 (%)	FOS	FOS 增幅 (%)
6	1.17	1.16	−0.3	1.17	0.3	1.17	0.3	1.17	0.7
8	1.15	1.15	−0.1	1.16	0.3	1.16	0.3	1.16	1.0
10	1.17	1.16	−0.3	1.17	0.4	1.17	0.6	1.18	1.2
12	1.19	1.18	−0.3	1.19	0.5	1.19	0.9	1.19	1.0
14	1.20	1.20	−0.4	1.20	0.4	1.20	0.4	1.21	0.9
16	1.21	1.21	−0.4	1.21	0.5	1.21	0.6	1.22	1.1
18	1.22	1.22	−0.5	1.22	0.5	1.22	0.6	1.23	1.1
20	1.20	1.20	−0.5	1.21	0.9	1.21	1.1	1.22	1.9
22	1.19	1.19	−0.3	1.20	0.7	1.20	1.0	1.21	1.9
24	1.18	1.18	−0.3	1.19	0.8	1.19	1.1	1.20	2.0
26	1.21	1.20	−0.3	1.22	1.0	1.21	0.9	1.23	1.8
28	1.22	1.21	−0.6	1.22	0.8	1.23	1.1	1.24	1.8
30	1.23	1.22	−0.6	1.23	0.7	1.24	1.1	1.25	1.8

4 层边坡模型安全系数计算表　　　　　　　　　　　　　表 8-9

时间 (d)	无植被	阶段 1		阶段 2		阶段 3		阶段 4	
	FOS	FOS	FOS 增幅 (%)	FOS	FOS 增幅 (%)	FOS	FOS 增幅 (%)	FOS	FOS 增幅 (%)
2	1.07	1.07	−0.3	1.07	0.2	1.07	0.4	1.08	0.6
4	1.07	1.07	−0.3	1.07	−0.1	1.07	0.3	1.07	0.3
6	1.04	1.04	−0.1	1.04	0.2	1.05	0.7	1.05	0.4
8	1.05	1.05	0.1	1.05	−0.4	1.04	−0.8	1.04	−1.0
10	1.05	1.05	0.5	1.05	−0.5	1.05	−0.3	1.05	−0.1
12	1.05	1.05	−0.2	1.05	0.0	1.06	0.4	1.06	0.8
14	1.06	1.06	−0.7	1.06	0.6	1.07	1.1	1.07	0.9
16	1.07	1.07	−0.7	1.07	0.7	1.08	0.9	1.08	0.9
18	1.08	1.08	−0.3	1.08	0.4	1.08	0.5	1.08	0.7
20	1.07	1.06	−0.4	1.07	0.4	1.07	1.0	1.07	1.0
22	1.06	1.06	−0.2	1.06	0.6	1.07	0.9	1.07	1.4
24	1.06	1.05	−0.3	1.06	0.4	1.06	0.9	1.07	1.2
26	1.07	1.07	−0.5	1.07	0.8	1.08	1.2	1.08	1.8
28	1.08	1.07	−0.5	1.08	0.7	1.09	1.4	1.09	1.4
30	1.09	1.08	−0.5	1.09	0.7	1.09	1.2	1.10	1.4

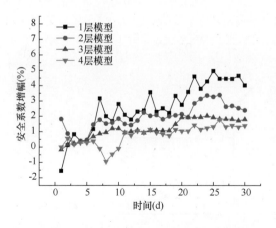 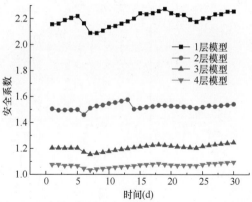

图 8-22 植被对不同高度边坡安全系数增幅曲线　　图 8-23　植被对不同高度边坡安全系数曲线

从图 8-22 可以看出，植被对不同高度边坡均有一定的护坡作用，安全系数增幅随高度而增加，然而整体上看，增幅非常有限。从安全系数时程曲线来看，安全系数随高度的增加而迅速降低，到了 4 层边坡的时候，安全系数略大于 1，虽然植被对安全系数有一定提高，但总体看来，边坡安全系数过小，因此，对于高边坡，一般应结合工程防护技术来提高边坡的整体稳定性。

8.3.7　土壤水分特征曲线对稳定性影响分析

土壤水分特征曲线（SWCC）一般也叫作土壤特征曲线或土壤 pF 曲线，它表述了土壤水势和土壤水分含量之间的关系。相同吸力下的土壤水分含量，释水状态要比吸水状态大，即为水分特征曲线的滞后现象。土壤水分特征曲线可反映不同土壤的持水和释水特性，也可从中了解给定土类的一些土壤水分常数和特征指标。曲线的斜率称为比水容量，是用扩散理论求解水分运动时的重要参数。曲线的拐点可反映相应含水量下的土壤水分状态，如当吸力趋于 0 时，土壤接近饱和，水分状态以毛管重力水为主；吸力稍有增加，含水量急剧减少时，用负压水头表示的吸力值约相当于支持毛管水的上升高度；吸力增加而含水量减少微弱时，以土壤中的毛管悬着水为主，含水量接近于田间持水量；饱和含水量和田间持水量间的差值，可反映土壤给水度等。故土壤水分特征曲线是研究土壤水分运动、调节利用土壤水、进行土壤改良等方面的最重要和最基本的工具。但土壤水分特征曲线的拐点只有级配较好的砂性土比较明显，说明土壤水分状态的变化不存在严格界限和明确标志，用土壤水分特征曲线确定其特征值，带有一定主观性。

采用不同土壤水分特征曲线将对降雨条件下土质边坡的渗流场产生不同的结果，进而进一步影响降雨条件下的边坡稳定性分析结果。下面进行不同土壤水分特征曲线下的土质边坡降雨入渗和稳定性分析。

1. 模型建立

某高速江西境内赣州段地形起伏较大，路线切割山体较深，沿线深挖方路堑边坡较多，主要地层以燕山期花岗岩为主，岩性主要为花岗岩残坡积土、全风化、少量中风化，在地表水作用下，边坡极易失稳。为了研究土水特征曲线对边坡稳定性的影响规律，选取某一边坡并进行相应简化，建立有限元渗流模型（图 8-24）。边坡分为 4 阶，每一阶坡度高 8m，前两阶坡度为 1：1，后两阶坡度为 1：1.25，网格划分在边坡浅层加密，共计

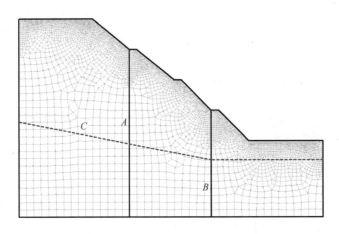

图 8-24　边坡剖面及有限元网格

5567 个单元和 5604 个节点。

（1）模型边界条件

1）图 8-24 中竖线 A 和 B 为监测结果，折线 C 为初始水位线。

2）左右两侧边界距离坡体较远，相对来说对渗流场影响较小。左侧边界可以看成为分水岭，设为零流量边界；右侧设为远场边界，即假设地下水位以下为常水头边界，等于初始地下水位，地下水位以上边界按零流量边界处理。

3）上部边界，当孔隙水压力小于 0 时为第二类边界条件，又称为 Newman 类型边界条件即流量边界；反之为第一类边界条件，又称为 Dirichiet 边界条件即水头边界。降雨共 7 天，第 1 天雨强 12.5mm/h，第 2 天雨强 110mm/h，第 3～5 天雨强最大、为128mm/h，第 6 天雨强 30mm/h，第 7 天停雨。斜坡处的降雨强度考虑了坡度折减（取垂直坡面分量），坡面不产生积水。

4）模型底面假设为不透水边界。

（2）模型采用材料参数

边坡岩土体为全风化花岗岩，等效为各向同性连续介质。根据钻孔资料和室内试验资料，饱和渗透系数取 2×10^{-4} cm/s，饱和含水量取 0.37，残余含水量取 0.19，容重取19.2kN/m³，黏聚力取 21 kPa，摩擦角取 24°，采用摩尔—库伦本构模型。为了研究土水曲线的影响规律，根据上文的 Fred lund-Xing 模型取三条典型曲线进行比较，其中 A 为黏土，B 为粉质黏土，C 为含淤泥粉质黏土，土水特征曲线如图 8-25 所示，在相同的基质吸力下，从 A 到 C，含水量和渗透系数递减。

2. 结果分析

（1）边坡瞬态渗流分析

通过边坡降雨有限元瞬态渗流分析，可以得出边坡土体中孔隙水压力、体积含水量和渗透系数等参数在不同时间和空间的分布。

图 8-26 为三种典型土水曲线下不同降雨时刻边坡水位线变化图。从图中可以看出，降雨对地下水位均有一定的影响，A 类边坡中最高水位线高程为 32.4m，B 类边坡中最高水位线高程为 28.0m，C 类边坡中最高水位线高程为 25.8m，其影响程度随着边坡土体亲水性能的增加而增加，而且地下水位的抬升均是从坡脚处开始的，即入渗的降雨在边坡坡

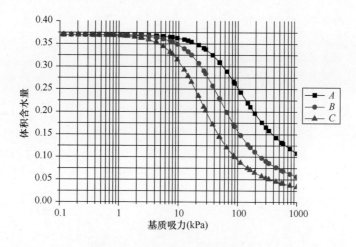

图 8-25 三种典型土水曲线

脚大量积聚，使得土体的抗剪指标大幅度降低，在坡角处有出现小幅滑动的可能，从而容易产生局部失稳。现场对路堤边坡的开挖测试也证实了雨水在坡脚积聚的现象。

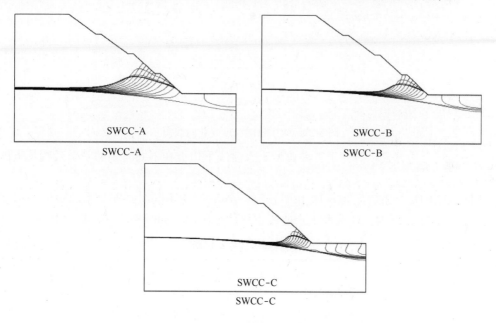

图 8-26 降雨不同时刻水位线

图 8-27 为三种典型土水曲线下不同降雨时刻含水量随深度的变化曲线（为节省篇幅，只分析图 8-24 中的竖线 A 数据）。从图中可以看出，降雨入渗对边坡表层含水量均有较大的影响，24h 后，A 类边坡浅层入渗饱和区厚度为 1.2m，B 类边坡浅层入渗饱和区厚度为 1.1m，C 类边坡浅层入渗饱和区厚度为 0.6m，其影响程度随着边坡土体渗透系数的增加而增加，含水量增加会降低土体的有效抗剪强度，从而降低土质边坡的安全系数。

（2）边坡稳定性分析

在边坡降雨有限元瞬态渗流分析的基础之上，采用极限平衡法与有限元渗流分析所得

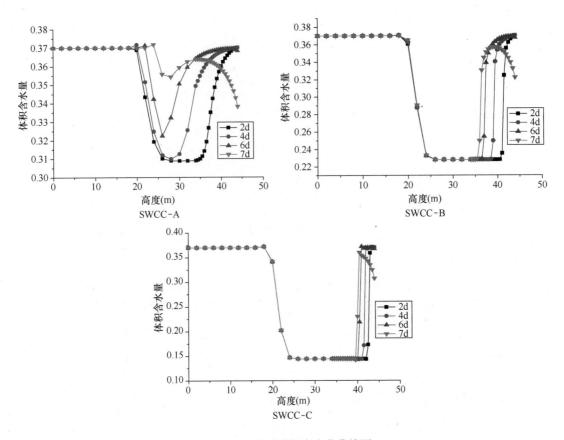

图 8-27　含水量随深度变化曲线图

的渗流场相结合的方式，研究了三种典型土水曲线下边坡在不同时刻的安全系数及土体基质吸力。

　　不同时刻的安全系数见表 8-10 和图 8-28；图 8-29 为不同时刻安全系数对应的边坡滑坡体的体积；图 8-30 为三种典型土水曲线下滑体范围内不同时刻的基质吸力曲线。

不同时刻边坡安全系数　　　　　　　　　　　　表 8-10

时间 (d)	SWCC-A			SWCC-B			SWCC-C		
	K	下降率 (%)	累计 (%)	K	下降率 (%)	累计 (%)	K	下降率 (%)	累计 (%)
0	1.288	—	—	1.218	—	—	1.144	—	—
1	1.251	2.9	2.9	1.206	1.0	1.0	1.142	0.2	0.2
2	1.208	3.4	6.2	1.199	0.6	1.6	1.7	0.4	0.6
3	1.114	7.8	0.5	1.192	0.6	2.1	1.5	0.2	0.8
4	1.053	5.5	18.2	1.182	0.8	3.0	1.4	0.1	0.9
5	1.007	4.4	21.8	1.170	1.0	3.9	1.2	0.2	1.0
6	0.974	3.3	24.4	1.159	0.9	4.8	1.129	0.3	1.3
7	0.989	−1.5	23.2	1.156	0.3	5.1	1.145	−1.4	−0.1

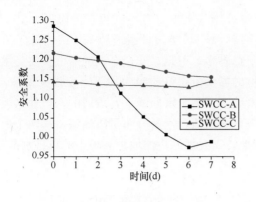

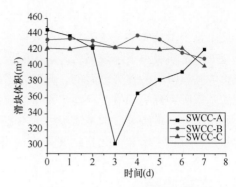

图 8-28　安全系数随时间的变化　　　　图 8-29　滑块体积随时间的变化

　　从表 8-10 和图 8-28 可以看出，三种典型土水曲线下，降雨对边坡稳定安全系数有不同程度的降低。A 类边坡安全系数下降幅度最大，累计达到 24.4%，其中在第三天（降雨强度最大）比第二天下降了 7.8%，为单天下降幅度之最；结合图 8-29，此时滑体的体积突然变小许多，体积降低率为 28.4%，可见，此时滑坡从深层向浅层转变，因此，在强降雨之初，土质边坡容易发生浅层滑坡破坏；随着降雨的继续，安全系数进一步降低，但滑体体积有大幅度增加，可见，随着降雨入渗的继续，入渗的降雨影响范围向深层发展，滑坡由浅层破坏转为深层破坏。B 类边坡和 C 类边坡安全系数的降幅比较平缓，滑坡体体积也没有突变，其原因可以从图 8-30 找到答案。

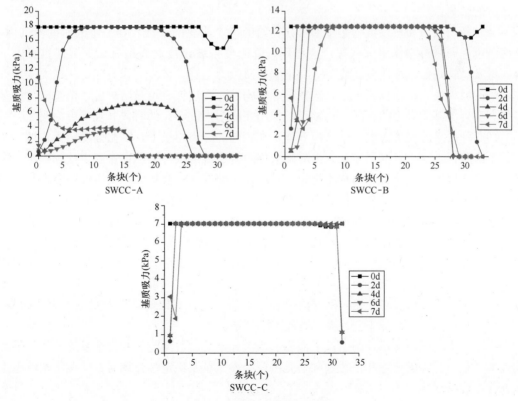

图 8-30　滑体范围基质吸力

115

从图 8-30 可以看出，随着降雨的进行，滑坡体基质吸力有不同程度的降低，其中 A 类边坡中整个滑坡体的基质吸力均有大幅度下降，B、C 类边坡滑坡体基质吸力除了入口和出口处的基质吸力下降较多之外，中间段下降不多，可见，安全系数的降低主要是由于边坡土体基质吸力的丧失引起的。同时，滑坡的形状也跟基质吸力的下降有很大关系，A 类边坡基质吸力降幅明显，从而出现了浅层滑坡。三种土水曲线下，滑坡的入口处（坡顶处）和出口处（坡脚处）的基质吸力基本丧失，从前面含水量分布可以知道，这两个地方的含水量容易趋于饱和（尤其是坡脚处），因此，需要做好边坡坡顶和坡脚的防排水措施。

8.4　本章小结

基于植物根系固土机理、考虑气候与植被环境因素的非饱和渗流理论和非饱和土抗剪强度理论，以某高速江西境内赣州段某工程边坡为背景工程，利用岩土仿真软件 GeoStudio 建立分析模型，采用极限平衡法与有限元渗流分析所得的渗流场相结合的方式，研究植被力学和水文双重效应在边坡系统中的理论价值和实际意义，得出以下结论：

（1）从非饱和土的含根抗剪强度的组成来看，根系固土产生的黏聚力增量对不同坡度边坡的安全系数贡献有限，平均在 2% 左右，而基质吸力对边坡安全系数的贡献较大，且随着坡度的增大而增大，最大达 29.8%。由此可见，基质吸力对边坡的稳定性具有重大的贡献，且坡度越大贡献越大，大部分滑坡正是由于降雨入渗使得土壤的基质吸力丧失造成的，且高陡边坡在降雨作用下更容易滑塌，因此，在研究生态护坡的贡献时不应忽略水文效应的影响。

（2）降雨入渗和蒸发蒸腾是坡面水分补给的两个相反的过程，在一定的时间范围内，这两种过程同时对坡体水分状况产生作用。降雨使得坡体侵润线抬升，土壤基质吸力下降，蒸发蒸腾则使得坡体侵润线下降，土壤基质吸力上升，且侵润线升降变化最大的地方在边坡的坡脚处，降雨强度越大，这种影响越剧烈。当边坡有植被防护后，植被截留和蒸腾作用会延缓基质吸力的下降，这种延缓作用在降雨强度不大的时候表现得更为明显。

（3）降雨入渗使得边坡安全系数下降，在相同的降雨总量下，降雨强度越大边坡安全系数下降越大，这也解释了为什么强降雨会伴随着边坡滑坡等地质灾害产生这一事实。降雨完成后，由于坡面蒸发和植物蒸腾作用，坡体中的水分将会散失，基质吸力会上升，表观凝聚力得到补偿，表现为土体的强度增大，安全系数也逐渐增大。

（4）植物蒸腾作用对不同坡度边坡的安全系数均有一定的提高，在强降雨条件下，不同边坡安全系数提高率相差不大，在 5% 左右；当降雨强度不大的时候，安全系数的提高随着边坡坡度的减小而增大，最大达 9.8%。由此可见，在评价边坡稳定性受气候和植被影响时，坡面蒸发、植被截留和蒸腾作用是不可忽视的重要因素。

（5）植被生长情况对于短时间暴雨侵袭作用的抵抗是有限的，当雨量不太大的时候，植被的生长情况对边坡的安全系数具有较大的影响。

（6）土水特征曲线对降雨条件下饱和—非饱和土质边坡渗流场和安全系数计算结果影响较大，在计算降雨对饱和—非饱和土质边坡的渗流场及稳定性作用时，应该注意考虑土水特征曲线的影响。

第9章　生态边坡稳定可靠度初步分析

边坡系统具有显著的模糊性和不确定性，影响边坡稳定的因素也常常是不确定的，定值法分析没有考虑这种特性，结果往往偏于危险。比如，安全系数大于设计规范值的边坡也有可能失稳，具有相同安全系数的边坡，其可靠性却可能不一样。可靠度分析是一种基于概率论理论的结构物安全程度的分析方法，能够有效地考虑边坡系统内实际存在的变异性和相关性，能够说明"边坡有多稳"。

20世纪七八十年代以来，国内外在各类工程结构的设计中全面引入了概率极限状态的设计原则和方法，但由于对边坡土质强度参数统计特性的考虑不全面，使得可靠性指标计算值偏小，失效概率计算值偏大，往往超过10%，设计中难以采纳，即使对已证明是安全稳定的边坡工程也是如此。这种理论与实际相背离的情况使得目前国内外对于地基可靠度规范的制定和执行进展缓慢，因此，系统地分析土质强度参数统计特性对边坡稳定可靠性的影响具有重要的理论意义和实践价值。

不少学者对此进行了研究，取得了一些研究成果。陈鹏基于因素敏感性采用 Rosenblueth 法进行边坡稳定可靠性分析，发现将敏感性较大的因素作为随机变量时所得的破坏概率较大，且其变异性也会对结果产生重大影响。李宗坤探讨了参数 c、φ 的相关性和变异性对土石坝边坡稳定可靠性的影响，得出参数负相关性对坝坡稳定有利而参数变异性对坝坡稳定不利的结论。李萍基于点估计法进行了黄土边坡可靠性分析，发现强度参数的变异性是影响边坡失效概率大小的主要因素。蒋水华采用 Sarma 法和随机响应面法进行边坡稳定可靠性分析，发现潜在滑体的可靠指标随着 c、φ 间负相关性增加而增大。谭晓慧采用有限元法和摩尔-库伦屈服准则分析了参数离散性和相关性等对边坡稳定性的影响，发现 c、φ 对可靠性指标的相对影响比其他参数的影响要大得多，并且随着 c、φ 间负相关系数的增加，其对可靠性指标的相对影响也相应增加。朱红霞基于随机场理论和方差折减函数进行了天津港口边坡可靠度分析，发现 φ 的变异性对可靠度指标的影响较 c 更为敏感。郑敏洲采用 Excel 规划求解工具分析了花岗岩残积土边坡稳定可靠性，结果表明边坡稳定可靠度不仅与土体参数的均值有关，而且与其相关性和变异性有关，且变量的相关性对可靠度影响较大。陈群分析了土石坝坝料强度参数的均值不定性、相关性和变异性对坝坡失稳概率的影响，表明失稳概率随土质强度参数均值的增大而减小，随变异系数的增大而增大，并且两个强度参数的相关性对坝坡的失稳概率也有显著影响。

不难看出，目前研究着重于强度参数的变异性和相关性对稳定可靠性的影响，而对强度参数的其他统计特性，如参数的区间特性和空间变化性则缺乏考虑。下面以某高速公路全风化花岗岩土质高边坡为工程背景，在分析土质参数统计特性的基础上，利用极限平衡理论和蒙特卡罗模拟法，系统地分析土质强度参数的均值不定性、变异性、相关性、区间特性和空间变化性等统计特性对边坡稳定可靠性的影响。

9.1　可靠度理论基础

边坡工程的可靠性分析是近二十年发展起来的评价边坡工程安全状态的新方法。它是把边坡岩体性质、荷载、地下水、破坏模式、计算模型等视为随机变量，结合某些合理的分布函数来描述它们，借鉴结构工程可靠性理论的方法，结合边坡工程的具体情况，用可靠性指标或破坏概率来描述边坡工程安全状态的理论体系。与传统的确定性分析方法相比，它能够更好地反映边坡工程的实际状态，正确合理地解释许多用确定性理论无法解释的工程问题，因此引起了国内外人士的广泛关注。

所谓可靠性分析，就是在承认计算所用数据的真实性、破坏机理的合理性以及分析方法本身的适用性都具有一定程度不确定性的前提下，建立可靠性评价的随机模型，把其输入参数诸如潜在破坏面几何要素、岩土物理力学性质、地下水压分布、地震作用以及其他附加荷载等均视作随机变量，并以一定的分布函数进行描述。因此，表明边坡状态的状态函数值以及状态的评价指标亦为随机变量。也就是说，通过预测模型把有关假定、参数值、边界条件和初始条件的不确定性引申到预测结果的不确定性，借助于概率论和数理统计方法，便可以求得边坡的可靠度 P_s，即所设计边坡能在使用期内、在指定的工作条件下、肯定地达到预计状态的程度，或保证边坡稳定的概率。因为可靠概率 P_s 与破坏概率 P_f 之和为全概率，所以有 $P_s + P_f = 1$。因此，可靠性分析结果能反映各种类型的不确定性或随机性，包括频率分布和结果可信程度的不确定性，不但给出边坡设计可采用的平均安全系数，同时还给出相应可能承担的风险，即破坏概率。用概率论的观点来研究边坡的可靠性，避免了"绝对化"，只要破坏概率很小，小到公众可以接受的程度，就认为边坡设计是可靠的。综上，用破坏概率比用安全系数作为评价指标更能客观地、定量地反映边坡的安全性。在实际应用上，对于鉴别具有相同安全系数、不同破坏概率的两个边坡的安全性，破坏概率比安全系数具有更突出的优点。进而，破坏概率对确定具体边坡工程采用多大可靠度为好的问题，更具实用价值，而安全系数对确定采用多大的安全度为好几乎毫无意义。正是由于可靠性分析方法是人们解决岩土工程问题的一种重要方法，所以仅用20多年的时间就迅速地从理论研究课题发展成具有广泛实际应用价值且又可行的一整套方法论。

9.1.1　变化性与不确定性

边坡工程是以岩土体为工程材料、以岩土体天然结构为工程结构，或以堆置物为工程材料、以人工控制结构为工程结构的特殊构筑物。构成边坡的地质体经受长期、多循环的地质作用，由于作用强度不一且又错综复杂，致使它们的工程地质性质差异很大。就是在同一地区、同一岩土体内，也会造成地质特性的强烈空间变化性，这就决定了边坡工程必然具有不确定性，因为人们不能本质地描述岩体的工程地质特征、不能准确地构造工程力学模型、不能充分地预测作用的条件和效应等。边坡工程的不确定性因素不但多，而且还难以定量估计。通过适当的现场调查和试验，重要岩土工程技术性质的不确定性可以得到一定程度的降低，但绝不可能完全消除，只能通过少量的统计分析来减少量测的误差。

定义变化性为表征岩体工程性质参数所固有的不确定性，就是说，各个工程场地的各个基本参数都有它本身的变化范围和变化规律，具体参数值的出现与否是不确定的，这种不确定性是由于参数本身的变化性引起的，代表客观世界的"真实"不确定性。岩土体这种固有的不确定性，造成岩土体性质的离散，是不可避免的。此外，还可能在参数测定、统计分析过程中引入不确定性，即由于试验方法和量测偏差、统计估计误差引起的，含有人为因素的"伪假"不确定性。造成这种不确定性的因素极其复杂，要正确地、定量地说明这种因素的影响亦很困难，要完全消除由此而引起的性质离散，即便在将来也是不可能的。

边坡可靠性分析方法是处理边坡工程不确定性的一种有效方法。可能有人误解，认为计算数据的测定结果有偏差，不必再进行统计分析和可靠性分析。其实，数据精度和可靠程度是所有分析方法和设计方法的基础，既包括可靠性分析方法，也包括定数分析方法。它们的差别在于：定数分析方法是通过经验判断选择一个确定的设计参数，在计算结果上附加一个人为余量即大于1的安全系数值，以此处理不确定性；可靠性分析方法则承认基本状态变量的随机性，通过可靠性计算求得预测结果的定量的不确定性。这恰恰反映了可靠性分析方法的优点。

实际工程经验还表明，由于技术问题造成的离散，肯定比真正的边坡岩体所固有的离散大，因此，计算出的破坏概率也比实际大。所以，一般边坡可靠性设计偏于安全。

变化性和不确定性具有不同的内涵，前者反映物理的客观变化，后者表明状态或结果的不确定性。通常，所谓不确定性是指不能肯定描述分析参数的不确定性，以及由此而引起边坡预测性能的不确定性。

概括地说，边坡可靠性分析的目的是把任一边坡工程岩体的性质和稳定状态的不确定性定量化，进而把这些不确定性合理地纳入边坡设计中。对于这样一个不确定性问题，采用概率统计方法处理是非常有效的。

为了适当地描述分析参数的空间变化，需要采用统计分析方法，根据特定参数的有限数量的观察结果，检验数据样本的频率分布，并对参数全体进行推断，用来解释客观结果。

为了表达分析结果与实际状态之间的不确定性，则需使用概率方法，用以描述参数、事件、模式的置信程度。概率分布能够比较完整地描述所有可能状态，而点估计只是它的一部分，因此更具有实用价值。以概率表达的置信程度是受统计处理的变化性制约的，或者说，置信程度的精度绝不高于参数变化性的统计精度。假如岩土体性质的试验和测定结果不可靠，那么，包括可靠性分析在内的所有分析方法的基础就从根本上动摇了。

9.1.2 不确定性的类型

边坡工程评价和设计中的数学模型、基本变量及预测结果都带有某种不确定性。其中，主要有以下三种类型：

（1）物理不确定性

边坡涉及的工程地质条件及岩土体性质参数是复杂的、多变的、随机的、相关的。边坡是否发生大变形和破坏，与边坡岩体不连续面的形态、强度和变形性质、地下水压和动力荷载的实际值有关。但是这些参数都是变化量，不能精确地知道它们的真实值。岩土体的组成、结构、力学效应是变化的、不均匀的、各向异性的，具有显著的随机性。例如，同一组黏土试样，在同一试验室、同一试验仪器、同一试验条件下测定抗剪强度，其结果也有一定的离散性。

（2）统计不确定性

统计不确定性，主要是由于信息误差和信息缺乏而产生的。在边坡稳定性分析中，为了建立各个基本变量的概率模型，根据对参数有限的测定和试验所获得的数据，进行统计推断，推断结果与样本及样本容量有关，样本和样本容量不同，估计的参数也不同。能掌握的始终是统计量，只能从统计结果推断真值，而不能求得真值。因此，对一组已知数据，可以认为分布参数也是随机变量，其不确定性依赖于样本数据及已有的知识，可以通过加大样本容量来克服。

（3）模型不确定性

边坡稳定性分析和设计是利用数学模型或模拟来实现输入量与输出量之间的联系，各种建立在极限平衡状态下的条分法，它们都是在对实际问题理想化的数学力学抽象下构造的，不同的模型具有不同的假定。这些模型一般在形式上是确定的。显然，每一种计算方法总有某种程度的局限性。实际上，在引入计算模型时，就引入了简化的假定条件，也就引入了不确定性。模型不确定性是由简化假设和未知边界条件而产生的。研究表明：岩土工程中变异性和相关性在概率计算中的影响远远超过模型的不确定性。因此对模型不确定性不予以研究。模型另外一种不确定性是边坡破坏模式的多样性和不确定性。

9.2　可靠性分析方法

9.2.1　蒙特卡罗模拟法

蒙特卡罗（Monte Carlo）法又称为随机抽样法、概率模拟法或统计试验法。该法是通过随机模拟和统计试验来求解结构可靠性的近似数值方法。它以概率论和数理统计理论为基础。

根据大数定律，设 x_1，x_2，$\cdots$，x_n 是 n 个独立的随机变量，若它们来自同一母体，有相同的分支，且具有相同的有限均值和方差，分别用 μ 和 σ^2 表示，则对于任意 $\varepsilon > 0$ 有：

$$\lim_{x \to \infty} P\left(\left| \frac{1}{n} \sum_1^n x_i - \mu \right| \geqslant \varepsilon \right) = 0 \tag{9-1}$$

另外，若随机事件 A 发生的概率为 $P(A)$，在 n 次独立试验中，事件 A 发生的频数为 m，频率为 $W(A) = m/n$，则对于任意 $\varepsilon > 0$ 有：

$$\lim_{x \to \infty} P\left(\left| \frac{m}{n} - P(A) \right| < \varepsilon \right) = 1 \tag{9-2}$$

蒙特卡罗法是从同一母体中抽取简单子样来做抽样试验。根据简单子样的定义，x_1，x_2，$\cdots$，x_n 是 n 个具有相同分布的独立随机变量，由上面两式可知，n 足够大时，$(\sum_1^n x_i)/n$ 依概率收敛于 μ，这就是蒙特卡罗法的理论基础。因此，从理论上说，这种方法的应用范围几乎没有什么限制。

当用蒙特卡罗法求解某一事件发生的概率时，可以通过抽样试验的方法，得到该事件出现的频率，将其作为问题的解。在应用蒙特卡罗方法时，需要进行大量的统计试验，由人工进行，会有很大的困难，但高速电子计算机的发展，为蒙特卡罗方法提供了强有力的模拟工具，使该法得以用于工程实践。

使用蒙特卡罗方法必须解决从母体中抽取简单子样的问题。通常，把从已知分布的母体中产生的简单子样，称为由已知分布的随机抽样，简称为随机抽样。

从 [0，1] 区间上由均匀分布的母体中产生的简单子样称为随机数序列（r_1，r_2，…，r_n），而其中的每一个个体称为随机数，产生随机数的方法很多，如随机数表法、物理方法、数学方法等。在计算机上用数学方法产生随机数，是目前使用较广、发展较快的一种方法，它是利用数学递推公式来产生随机数，通常把这种随机数称为伪随机数。因为这种办法具有半经验的性质，所以得出的数只是近似地具备随机性质。

目前，广泛应用的一种产生伪随机数的方法是同余法。根据近世代数，用以产生在 [0，1] 上均匀分布的乘同余递推公式为：

$$x_i = \lambda x_{i-1}(\mathrm{mod}M) \quad i = 1,2,\cdots \tag{9-3}$$

式中，λ，M 和 x_0 都是预先选定的常数，该式的意义是以 M 除 x_{i-1} 后得到的余数记为 x_i。将该序列各数除以 M，则得：

$$x_i = x_i/M \quad i = 1, 2, \cdots \tag{9-4}$$

此即为第 i 个均匀分布的随机数 r_i，如此得到随机数序列（r_1，r_2，…，r_n），因为 x_i 是除数为 M 的除法中的余数，所以有 $0 \leqslant x \leqslant M$，故知 $0 \leqslant r \leqslant 1$。可知序列 $\{r_i\}$ 为在 [0，1] 上的均匀分布序列。

在边坡工程的可靠性分析中，也能够用蒙特卡罗法得出可靠度的近似值。设边坡的功能函数为：

$$Z = g (x_1, x_2, \cdots, x_n) \tag{9-5}$$

则极限状态方程 $Z = g (x_1, x_2, \cdots, x_n) = 0$ 把边坡的基本变量空间分成失效区和可靠区两部分。传统上，失效概率 P_f 可表示为：

$$P_f = \int\limits_{g(x \leqslant 0)} \cdots \int f_x(x_1, x_2, \cdots, x_n) \mathrm{d}x_1, \cdots, \mathrm{d}x_2 \mathrm{d}x_n \tag{9-6}$$

其中，$f_x (x_1, x_2, \cdots, x_n)$ 是 x_1，x_2，…，x_n 的共同概率密度函数。若各基本变量是相互独立的，则有

$$P_f = \int\limits_{g(x \leqslant 0)} \cdots \int f_{x1}(x_1), f_{x2}(x_2), \cdots, f_{xn}(x_n) \mathrm{d}x_1, \cdots, \mathrm{d}x_2 \mathrm{d}x_n \tag{9-7}$$

通常，上面两个式子只对两个变量情况能够积分得出结果，若多于两个变量，这种多重积分的求解是极端麻烦和困难的。但用蒙特卡罗方法能够解决这个问题，且只要随机数序列足够大，就能保证有足够的精度。

9.2.2 一次二阶矩法

在边坡可靠性计算中，由于边坡体受力情况比较复杂，状态变量众多且分布各异，极限状态方程往往是非线性的，采用蒙特卡罗模拟方法，不受分析条件的限制，不管极限状态方程是否线性，也不管分布是否服从正态分布，都可以简明地模拟出边坡系统的主要状态或特征，只要模拟次数足够多，就能得到一个相对精确的破坏概率值。但是，它需要预知各基本状态变量的分布形式和参数。当基本变量 x_i（$i=1$，2，…，n）的概率密度未

知，或者在概率密度函数复杂不易求其分布参数的积分时，可利用 Taylor 级数展开后忽略两次以上的项，只考虑它们的一阶原点矩（即均值）和二阶中心矩（即方差）这两个特征参数，近似地计算状态函数的均值和方差，求得可靠指标和破坏概率，故也称作一次二阶矩法。根据功能函数 Z 的线性化点的不同，该法又可分为中心点法和验算点法。

9.2.3　其他可靠性分析方法

目前，边坡可靠性常用的分析方法除了上述的方法之外，还有遗传算法、统计矩法和随机有限元法。在边坡工程的可靠性分析中，最关键的问题是确定最危险滑动面及其对应的最小安全系数。在搜索最危险滑动面圆心时，工程中最常用的方法有消元法中的二分法或坐标轮换法等。尽管这些方法在工程实践中得到了广泛的应用，然而，由于方法本身的局限性，很容易陷入局部极小值。例如，常常因搜索起点、步长及范围等的不同而得到不同的临界滑动面及其安全系数，所以往往令人无法判断出真正的最危险滑动面。

遗传算法是基于生物遗传原理用于搜索最危险滑动面及其对应的最小安全系数的算法，能克服传统方法容易陷入局部极小值的缺点，是一种全局优化算法。该算法基于达尔文的生物进化论和 Mendel 的遗传学论，用数学方法模拟生物进化过程。生物进化论认为生物的进化过程可以被看作是对种群操作的物理变化过程，这个过程包括复制、杂交、变异、竞争和选择。复制过程使得种群按指数速度扩张，复制完成对后代个体的遗传基因的传递；杂交是两个个体的部分基因互换而产生两个新个体，变异是遗传基因在传递过程中出现差错，竞争是在有限的生存空间对群体进行压缩，选择是在有限的生存空间竞争的不可避免的结果：最后适者生存，劣者淘汰。遗传算法把对问题的求解转化为对一群"染色体"（一般用二进制码串表示）的一系列操作。通过群体的进化，最后收敛到一个最适应环境的染色体上，从而求得问题的最优解。

统计矩法是 20 世纪 80 年代初开始引入边坡可靠性分析的一种方法，它的基本数学工具是 Rosenblueth E. 于 1975 年提出的统计矩点估计方法，故又称 Rosenblueth 法。这是一种近似方法，当各状态变量的概率分布为未知时，只要利用它们的均值和方差，就可以求得状态函数（安全系数或安全储备）的一阶矩（均值）、二阶矩（方差）、以及三、四阶矩，从而求得边坡的可靠指标，且在状态函数值的假定概率分布下求得破坏概率。

随机有限元法是在有限单元法的基础上发展起来的。由于岩体组成、结构、强度、荷载条件以及力学状态的不确定性和变化性，岩体的力学参数并非常数，而是一组随机变量，这样，用确定性分析方法不可能准确地描述边坡的本征属性。因为再精确的计算数据，也只是相对的经验性确认，其分析结果自然会带有一定程度的局限性。因此，近几年来，国际上开始研究一个新的领域，即探索随机模型与数值解法的结合，以寻求数值方法的概率解答，逐步发展成随机有限元法，并正在走向工程应用。

9.3　工程概况

计算实例边坡位于某高速公路江西境内赣州段 K53＋190 左坡，该地区地质情况详见 8.3.7 节。边坡共分为 5 阶，前 4 阶坡高为 8m，第 5 阶坡高 7.5m，边坡总高 39.5m。前 3 阶坡度为 1∶1，后 2 阶坡度为 1∶1.25，有限元模型见图 9-1，模型考虑了地下水位的影响，以年均降雨 0.3mm/h 的稳态渗流作为地下水分布的初始状态。模型共计 5000 个

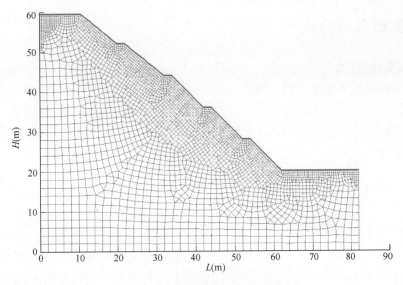

图 9-1　边坡剖面及有限元网格

单元和 5034 个节点。

9.4　全风化花岗岩强度参数统计特性

由于地基中不同地点的岩土在成土环境、矿物成分、颗粒级配组成和应力历史等方面存在差异，造成地基中点与点之间的土性会存在不同程度的差异；这种差异在空间上一般表现为渐变性。同时，在土质强度参数测量中，由于试验设备和操作人员的不同，加上存在人为扰动和试验误差、土性参数测试条件与实际情况有出入等因素会导致测量参数的离散性。试验表明，土性指标与其所处的空间位置密切相关，即土层中任意两点的同一参数指标（如相邻土体 φ 与 φ、c 与 c 之间）存在自相关性，土层中同一点的不同参数指标（如相同土体的 c 和 φ 之间）存在互相关性，且其相关系数的大小在 $-0.72 \sim 0.35$ 之间，这种相关性会随着地基中两点间距离的增大而逐渐减弱，当超过一定的距离后便可认为参数的相关性为 0，从而使得土性指标表现出空间变化性。

背景工程边坡岩土体为全风化花岗岩，简化等效为各向同性连续介质。根据现场钻孔资料和室内试验统计资料，边坡土体的饱和渗透系数为 2.1×10^{-4} cm/s，饱和含水率为 37.5%，残余含水率为 11.9%，重度为 19.2kN/m³，黏聚力 c 和内摩擦角 φ 视为符合正态分布随机变量，其统计特性见表 9-1 所列。

全风化花岗岩强度参数统计特性　　　　　　　　　　　　　　表 9-1

黏聚力 c（kPa）					内摩擦角 φ（°）					相关系数 r
最小值	最大值	均值 μ	标准差 σ	变异系数 δ	最小值	最大值	均值 μ	标准差 σ	变异系数 δ	
26.0	32.0	29.0	4.35	0.15	16.6	21.5	19.1	1.91	0.10	-0.54

9.5 计算结果及分析

9.5.1 空间变化性的影响

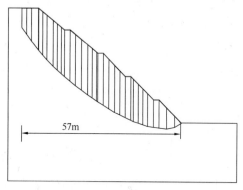

图 9-2 典型滑动面

参数相关性会随着地基中两点间距离的增大而逐渐减弱，当超过一定的距离后便可认为参数的相关性为 0，即此时参数各自独立，因此当边坡的潜在滑动面长度显著且材料单一时，空间变化性就显得尤为重要。图 9-2 为背景工程边坡的典型滑动面，在进行蒙特卡罗抽样试验时，有三种处理方法：①对整个滑面的每一层土的参数只取样一次；②沿着滑面对每个土条的参数取样；③沿着滑面，每间隔一定抽样距离取样土的参数。方法①实际上没有考虑土质参数的空间变化性，方法②取样间距过小，人为地将空间变化性考虑过大，因此，对土只取样一次和对每个土条都取样一次都不太符合实际，间隔一定距离取样的方法③比较合适，但方法①、②可以用来计算失效概率的上下限范围。

为了研究土性参数空间变化性对边坡稳定可靠性的影响，不考虑表 9-1 参数取值的区间特性，取黏聚力 c 和内摩擦角 φ 为符合正态分布的随机变量，计算不同抽样距离下边坡稳定可靠性指标，得到可靠性指标随抽样距离的变化曲线（图 9-3）。从图中可见，随着抽样距离的增加，可靠性指标总体趋势是下降的，一开始急剧下降，随后下降趋势变缓，最后趋于一个定值。另外，可靠性指标的变化范围较大，为区间 [1.775，9.078]，由此可见，土性参数空间变化性对边坡稳定可靠性具有较大的影响，考虑空间变化性有利于边坡的稳定，正确认识和模拟空间变化性是正确采用可靠度计算边坡稳定性的前提。

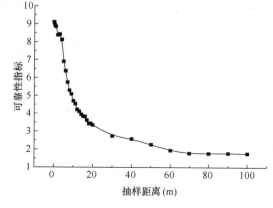

图 9-3 可靠性指标随抽样距离的变化曲线

根据背景工程的钻孔资料和室内试验统计资料，本边坡的抽样距离取 8m（即下面的分析均按 8m 计算），计算的边坡稳定系数为 1.061，失效概率为 0，可靠性指标为 5.295，边坡处于稳定状态，但由于计算稳定系数小于 1.2，设计中采用了一定的工程防护措施和防排水措施。

9.5.2 区间性的影响

从表 9-1 可知，试验得来的土质参数具有最小值和最大值，即在一个区间范围内，边坡可靠度研究应考虑这个特点才更加符合工程实际。以表 9-1 中黏聚力 c 为例，c 的概率分布密度曲线在不考虑区间和考虑区间两种情况下是有很大差异的，分别见图 9-4 和图 9-5。为了研究土质参数区间性对边坡稳定可靠性的影响，在后面的分析中，均分考虑区间性和

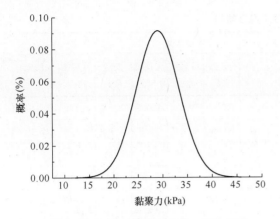

图 9-4　黏聚力正态分布曲线（不考虑区间）

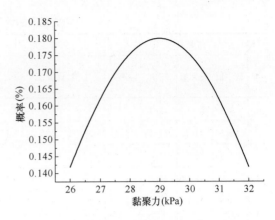

图 9-5　黏聚力正态分布曲线（考虑区间）

不考虑区间性两种情况进行对比计算。

9.5.3　均值的影响

保持黏聚力 c 和内摩擦角 φ 的变异系数不变，分别改变各自的均值 μ 进行边坡稳定性概率分析。在表 9-1 参数基准均值的基础上，分别减小 1 倍、2 倍和 3 倍标准差，增大 1 倍、2 倍标准差，共获得 6 组不同的均值数据，并分考虑区间和不考虑区间两种情况分别计算。计算工况和结果见表 9-2 所列，边坡的失效概率和可靠性指标随参数均值的变化曲线如图 9-6 和图 9-7 所示。

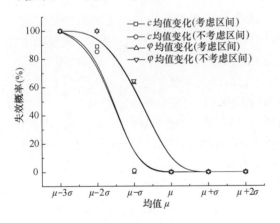

图 9-6　失效概率随均值的变化曲线

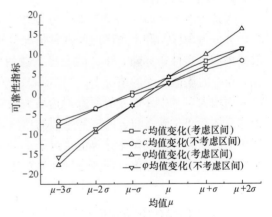

图 9-7　可靠性指标随均值的变化曲线

由图可知，当 c 和 φ 的变异系数不变时，边坡的失效概率随 c 或 φ 的均值的增大而减小，可靠性指标随 c 或 φ 的均值的增大而增大。其中，φ 的均值对边坡稳定性指标的影响要比 c 的均值的影响大，即 φ 的边坡稳定敏感性要比 c 大。从参数区间性来看，区间性考虑与否对边坡的失效概率的影响不大，但对可靠性指标的影响较大，考虑区间性后，失效概率和可靠性指标随参数均值的变化曲线变得更陡，即区间性使得均值对边坡稳定性的影响更加灵敏。

从表 9-2 中计算结果可知，c 和 φ 的均值对概率分析所得的安全系数的均值影响较大，安全系数的均值随 c 和 φ 的均值的增大而增大。

均值影响的计算工况及结果　　　　　　　　　　表 9-2

工况	黏聚力 c /kPa				内摩擦角 φ /（°）				考虑区间			不考虑区间		
	最小值	最大值	均值	标准差	最小值	最大值	均值	标准差	安全系数	可靠性指标	失稳概率（%）	安全系数	可靠性指标	失稳概率（%）
1	14.1	20.1	17.1	2.6	16.6	21.5	19.1	1.9	0.953	−5.4	100.0	0.952	−4.2	100.0
2	18.1	24.1	21.1	3.2	16.6	21.5	19.1	1.9	0.989	−1.2	89.0	0.988	−1.0	85.2
3	22.0	28.0	25.0	3.8	16.6	21.5	19.1	1.9	1.026	2.9	0.1	1.025	2.3	1.1
4	26.0	32.0	29.0	4.4	16.6	21.5	19.1	1.9	1.062	6.8	0.0	1.061	5.3	0.0
5	30.0	36.0	33.0	4.9	16.6	21.5	19.1	1.9	1.098	10.8	0.0	1.096	8.6	0.0
6	33.9	39.9	36.9	5.5	16.6	21.5	19.1	1.9	1.130	13.8	0.0	1.129	10.9	0.0
7	26.0	32.0	29.0	4.4	12.6	17.5	15.0	1.5	0.881	−15.2	100.0	0.880	−13.3	100.0
8	26.0	32.0	29.0	4.4	13.9	18.8	16.4	1.6	0.941	−7.0	100.0	0.941	−6.2	100.0
9	26.0	32.0	29.0	4.4	15.3	20.2	17.7	1.8	0.997	−0.3	63.4	0.996	−0.4	64.4
10	26.0	32.0	29.0	4.4	16.6	21.5	19.1	1.9	1.062	6.8	0.0	1.061	5.3	0.0
11	26.0	32.0	29.0	4.4	17.9	22.8	20.4	2.0	1.121	12.5	0.0	1.120	9.5	0.0
12	26.0	32.0	29.0	4.4	19.3	24.2	21.7	2.2	1.181	18.9	0.0	1.180	13.9	0.0

9.5.4　变异性的影响

保持参数 c 和 φ 的均值不变，分别改变各自的变异系数进行边坡稳定可靠性概率分析，并分考虑区间和不考虑区间两种情况分别计算，计算工况及结果见表 9-3。边坡的失效概率和可靠性指标随 c 和 φ 的变异系数的变化曲线如图 9-8 和图 9-9 所示。由图可知，在 c 和 φ 的均值不变的情况下，当不考虑区间时，边坡的失效概率随 c 和 φ 的变异系数的增大而增大，其中 φ 的变异系数对边坡失效概率的影响比 c 的变异系数的影响大，可靠性指标总体趋势是随 c 和 φ 的变异系数的增大而减小，可见，参数变异性对边坡稳定不利；当考虑区间时，失效概率计算值接近于 0，可靠性指标规律性不强，但均明显大于不考虑区间时的可靠性指标值，即考虑区间后对边坡稳定有利。

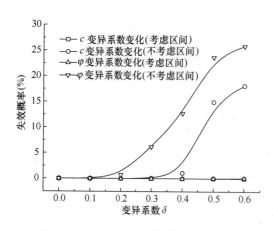

图 9-8　失效概率随变异系数的变化曲线

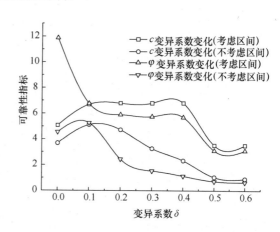

图 9-9　可靠性指标随变异系数的变化曲线

从表 9-3 中计算结果可知，c 和 φ 的变异系数对概率分析所得的安全系数的均值影响很小，当 c 和 φ 的均值不变时，安全系数的均值基本不变。

变异性影响的计算工况及结果 表 9-3

工况	黏聚力 c（kPa）		内摩擦角 φ（°）		考虑区间			不考虑区间		
	标准差	变异系数	标准差	变异系数	安全系数	可靠性指标	失稳概率（%）	安全系数	可靠性指标	失稳概率（%）
1	0.00	0			1.062	5.1	0.0	1.061	3.7	0.0
2	2.90	0.1			1.062	6.7	0.0	1.061	5.1	0.0
3	5.80	0.2			1.062	6.8	0.0	1.061	4.7	0.0
4	8.70	0.3	1.91	0.1	1.062	6.8	0.0	1.061	3.3	0.1
5	11.60	0.4			1.062	6.8	0.0	1.061	2.3	1.1
6	14.50	0.5			1.060	3.5	0.0	1.061	1.0	14.9
7	17.40	0.6			1.060	3.5	0.0	1.061	0.9	18.1
8			0.00	0	1.061	11.9	0.0	1.061	4.6	0.0
9			1.91	0.1	1.062	6.8	0.0	1.061	5.3	0.0
10			3.82	0.2	1.063	5.9	0.0	1.062	2.4	0.7
11	4.35	0.15	5.73	0.3	1.063	5.9	0.0	1.064	1.5	6.2
12			7.64	0.4	1.063	5.7	0.0	1.066	1.1	12.7
13			9.55	0.5	1.059	3.1	0.1	1.070	0.7	23.7
14			11.46	0.6	1.059	3.1	0.1	1.075	0.7	25.9

9.5.5 相关性的影响

在参数 c 和 φ 均值和变异系数都不变的情况下，改变 c 和 φ 的相关系数进行边坡稳定可靠性概率分析，并分考虑区间和不考虑区间两种情况分别计算，计算工况及结果见表 9-4 所列，边坡的失效概率和可靠性指标随 c 和 φ 的相关系数的变化曲线如图 9-10～图 9-12 所示。

由于 c 和 φ 互相关的相关系数范围在 $-0.72\sim0.35$ 之间，由图可知，在各种变异系数情况下，当 c 和 φ 的相关系数为 0 时，边坡的失效概率最大而可靠性指标最小，随着相关系数绝对值的增大，失效概率逐渐变小而可靠性指标逐渐变大，且相关系数为负数时变化更加剧烈，可见，

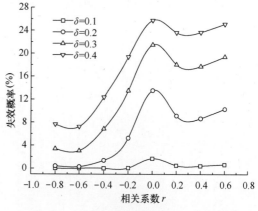

图 9-10 失效概率随相关系数的变化曲线
（不考虑区间）

相关性影响的计算工况及结果　　　　　　　　　　表 9-4

工况	黏聚力 c（kPa）		内摩擦角 φ（°）		相关系数	考虑区间			不考虑区间		
	标准差	变异系数	标准差	变异系数		安全系数	可靠性指标	失效概率（%）	安全系数	可靠性指标	失效概率（%）
1	2.90	0.1	1.91	0.1	−0.8	1.062	6.3	0.0	1.062	5.2	0.0
2					−0.6	1.062	6.9	0.0	1.061	5.4	0.0
3					−0.4	1.062	5.8	0.0	1.061	4.3	0.0
4					−0.2	1.062	4.4	0.0	1.061	3.2	0.1
5					0	1.063	3.3	0.0	1.062	2.1	1.7
6					0.2	1.062	3.8	0.0	1.061	2.6	0.5
7					0.4	1.062	4.0	0.0	1.061	2.7	0.4
8					0.6	1.062	3.7	0.0	1.061	2.5	0.6
9	5.80	0.2	3.81	0.2	−0.8	1.063	5.6	0.0	1.063	2.6	0.4
10					−0.6	1.063	6.1	0.0	1.062	2.7	0.3
11					−0.4	1.063	5.2	0.0	1.062	2.2	1.4
12					−0.2	1.063	4.0	0.0	1.063	1.6	5.3
13					0	1.063	3.1	0.1	1.064	1.1	13.6
14					0.2	1.063	3.5	0.0	1.063	1.3	9.2
15					0.4	1.063	3.6	0.0	1.062	1.4	8.7
16					0.6	1.063	3.4	0.0	1.062	1.3	10.3
17	8.70	0.3	5.72	0.3	−0.8	1.063	5.4	0.0	1.065	1.8	3.4
18					−0.6	1.063	5.9	0.0	1.064	1.9	3.0
19					−0.4	1.063	5.1	0.0	1.064	1.5	6.8
20					−0.2	1.063	3.9	0.0	1.065	1.1	13.5
21					0	1.064	3.0	0.1	1.069	0.8	21.5
22					0.2	1.063	3.4	0.0	1.065	0.9	18.1
23					0.4	1.063	3.5	0.0	1.064	0.9	17.7
24					0.6	1.063	3.3	0.0	1.064	0.9	19.4
25	11.60	0.4	7.62	0.4	−0.8	1.064	5.4	0.0	1.069	1.4	7.7
26					−0.6	1.063	5.9	0.0	1.067	1.4	7.2
27					−0.4	1.063	5.0	0.0	1.066	1.2	12.4
28					−0.2	1.064	3.9	0.0	1.068	0.9	19.4
29					0	1.064	3.0	0.1	1.078	0.7	25.8
30					0.2	1.064	3.4	0.0	1.068	0.7	23.6
31					0.4	1.063	3.5	0.0	1.066	0.7	23.7
32					0.6	1.063	3.3	0.0	1.066	0.7	25.1

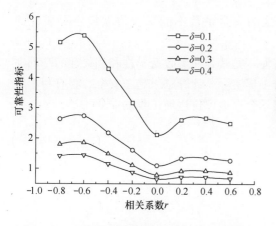

图 9-11 可靠性指标随相关系数的变化曲线
(不考虑区间)

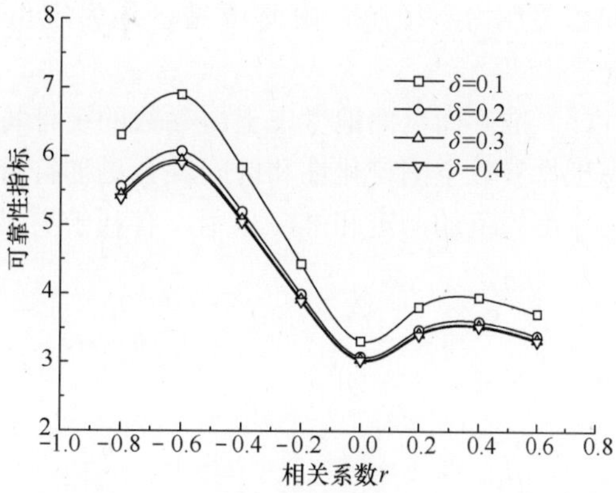

图 9-12 可靠性指标随相关系数的变化曲线
(考虑区间)

参数相关性对边坡稳定有利。从参数区间性来看，考虑区间时失效概率计算值接近为 0，而可靠性指标的变化规律与不考虑区间时类似，但数值上明显大于不考虑区间时的结果，进一步说明考虑区间后对边坡稳定有利。另外，从不同变异系数对应曲线的对比分析可进一步说明变异系数越大，边坡的失效概率也越大。

从表 9-4 中计算结果可知，参数 c 和 φ 的相关系数对边坡稳定可靠性分析所得的安全系数影响很小。

9.6 本章小结

以某高速公路全风化花岗岩土质高边坡为工程背景，在分析土质参数统计特性的基础上，利用极限平衡理论和蒙特卡罗模拟法，系统地分析了土质强度参数的均值不定性、变异性、相关性、区间特性和空间变化性等统计特性对边坡稳定可靠性的影响，得出以下结论：

（1）土性参数空间变化性对边坡稳定可靠性具有较大的影响，随着抽样距离的增加，可靠性指标总体趋势是下降的，一开始急剧下降，随后下降趋势变缓，最后趋于一个定值，正确认识和模拟空间变化性是正确采用可靠度计算边坡稳定性的前提。

（2）强度参数 c 和 φ 的均值不定性、变异性和相关性对边坡稳定可靠性均具有一定的影响，其中，φ 的影响更加显著。可靠性指标随 c 或 φ 均值的增大而增加；失效概率随 c 和 φ 的变异系数的增大而增大，可靠性指标随 c 和 φ 的变异系数的增大而减小，参数变异性对边坡稳定不利；当 c 和 φ 的相关系数为 0 时，边坡的失效概率最大而可靠性指标最小，随着相关系数绝对值的增大，失效概率逐渐变小而可靠性指标逐渐变大，且相关系数为负数时变化更剧烈，参数相关性对边坡稳定有利。

（3）考虑参数区间性后，各组曲线的变化趋势大致不变，但是计算的失效概率明显小于不考虑区间时的结果，而可靠性指标明显大于不考虑区间时的结果，即考虑区间性的结果要趋于安全，对边坡稳定有利。

（4）安全系数受强度参数均值的影响较大，而对参数的空间变化性、区间性、变异性和相关性均不敏感，由此可见，作为定值法的安全系数不能反映边坡稳定可靠性的情况。

（5）准确而全面地考虑土质参数的统计特性，尤其是在参数变异性和相关性的基础上考虑土性参数空间变化性和区间性会更加符合工程实际，计算结果趋于安全，将有利于地基可靠度规范的制定和推广运用，有利于更科学合理地评价边坡工程的安全。

第 10 章　边坡稳定二元评价指标体系

可靠性理论可有效地考虑边坡系统内实际存在的不确定性和相关性，能够回答"边坡有多稳定"的问题，但所需数据量和计算量较大，并缺乏丰富的工程实践经验，制约了实际应用[159-160]。因此，综合考虑边坡的安全系数与可靠度，建立安全系数与可靠性相耦合的二元评价体系具有重要的理论意义和工程实践价值，可以更全面地评价边坡稳定性[160]。

现行研究中，罗文强等[161-162]对此进行了有益的探索，将边坡的中值安全系数与可靠度相乘，用折减后的安全系数（可靠安全系数）来评价边坡稳定性。此方法基于纯理论的数学概率密度分布模型，允许各岩土工程参数取值为负值或无穷大，造成理论计算结果不能很好地反映实际工程，结果偏于保守。尚明芳，刘小强等在罗文强等的研究基础上进行了修正，得出了类似的二元评价体系。然而，这些研究存在如下不足：①考虑了边坡材料指标的统计特性，但未能考虑边坡材料指标的区间分布；②由于采用手算，未能充分利用目前强大的计算机资源，难以在实际工程应用中进行推广。

本章结合已有研究，综合极限平衡法和可靠度理论，考虑边坡材料指标的区间分布及实际边坡工程中稳定边坡的安全系数不能小于其临界值的特点，对纯数学理论模型进行修正，提出了一种更加符合工程实际的边坡稳定随机二元评价体系，同时选取蒙特卡罗模拟法，将该二元评价体系融入 GeoStudio 软件，借助 GeoStudio 软件强大的计算能力，形成一套完整而高效的边坡稳定性分析方法。

10.1　二元指标体系的推导

设边坡稳定安全系数状态函数为：

$$F_s = F_s(x_1, x_2, \cdots, x_n) = \frac{R(x_1, x_2, \cdots, x_n)}{S(x_1, x_2, \cdots, x_n)} \tag{10-1}$$

式中　　　　　R——抗滑力；

　　　　　　　S——下滑力；

x_1，x_2，$\cdots$，x_n——密度、黏聚力、摩擦系数、孔隙水压力、荷载强度、降雨强度等计算参数，实际取值中均有一定的变异性，可视为随机变量，具有一定的分布状态（大多服从正态分布或对数正态分布）。

随机地抽取一组样本值 x_1，x_2，$\cdots$，x_n，由式（10-1）求得一个安全系数的随机样本值 F'，如此重复 n 次，直到达到预期精度，得到 n 个相对独立的安全系数样本 F_1，F_2，$\cdots$，F_n，安全系数所表征的极限状态为 $F_s = F_{cr}$，F_{cr} 为边坡安全系数临界值。设在 n 次试验中，$F_s < F_{cr}$ 的次数为 m，则边坡的破坏概率为：

$$P_f = m/n \tag{10-2}$$

对于式（10-2），以边坡安全系数临界值为标准，建立边坡极限状态方程，如下式：

$$Z = F_s(x_1, x_2, \cdots, x_n) - F_{cr} = 0 \tag{10-3}$$

边坡对应的失效概率可表示为：

$$P_f = P(F_s < F_{cr}) = \int_{-\infty}^{F_{cr}} f_{Fs}(f_s) \mathrm{d}f_s \tag{10-4}$$

式中　F_{cr}——边坡安全系数临界值；

$f_{Fs}(f_s)$——边坡安全系数的概率密度分布函数。

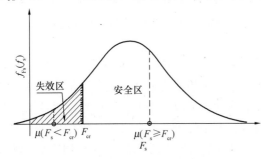

图 10-1　安全系数概率密度分布函数

在图 10-1 中，P_f 表示 F_{cr} 左侧区域 $f_{Fs}(f_s)$ 与 x 轴围成的面积，即图 10-1 中的阴影部分，称为失效区。同理，对应的可靠度 $P = 1 - P_f$，表示 F_{cr} 右侧区域 $f_{Fs}(f_s)$ 与 x 轴围成的面积，称为安全区。当 $F_s = F_{cr}$ 时，则表示边坡处于临界状态。理论上，式（10-4）与式（10-2）的结果是一样的。

然而上述理论模型不能避免材料指标如 γ、c、φ 等出现负值或无穷的情况；对于 F_s，不仅不能为负值，而且还要与 F_{cr} 进行比较从而衡量边坡所处的状态。可见完全依赖上述理论模型所得结果并不能真正地反映出边坡的稳定程度。为了避免出现这种情况，且使得边坡内部材料指标的取值更加符合工程实际情况，对上述模型进行修正，采用同时考虑材料指标如 γ、c、φ 的统计分布和区间分布的方法，即采用截断的材料指标分布函数代替完整的函数曲线。在此区间内，进行蒙特卡罗抽样计算 n 次，得到 n 个相对独立的安全系数样本 F_1，F_2，$\cdots$，F_n，则该样本必定存在一个区间 $[F_{min}, F_{max}]$，其中 $F_{min} > 0$，此时式（10-4）可以改写为：

$$P_f = \begin{cases} 1 & F_{cr} \geqslant F_{max} \\ P(F_s < F_{cr} = \int_{F_{min}}^{F_{cr}} f_{Fs}(f_s) \mathrm{d}f_s & F_{max} > F_{cr} > F_{min} \\ 0 & F_{cr} \leqslant F_{min} \end{cases} \tag{10-5}$$

对于式（10-2），取变量 x_1，x_2，$\cdots$，x_n 的平均值分别为 $\overline{x}_1$，$\overline{x}_2$，$\cdots$，$\overline{x}_n$，计算得到通常意义下的安全系数，称之为最大可能安全系数，亦称中值安全系数，记为 F_0，即 $F_0 = F_s(\overline{x}_1, \overline{x}_2, \cdots, \overline{x}_n)$。

在实际应用中，用 F_0 近似作为安全系数 F_s 的数学期望 $E(F_s)$，即：

$$E(F_s) \approx F_0 = F_s(\overline{x}_1, \overline{x}_2, \cdots, \overline{x}_n) \tag{10-6}$$

将最大可能安全系数与边坡可靠性相乘，对最大可能安全系数进行折减，得到边坡可靠的安全系数，记为 F_1，即：

$$F_1 = F_0(1 - P_f) \tag{10-7}$$

设折减后的安全系数大于 1，边坡稳定；折减后的安全系数小于 1，边坡失稳；折减后的安全系数等于 1，边坡处于极限状态。根据折减后安全系数的极限状态，可按下式计算出不同最大可能安全系数的临界破坏概率：

$$P_{\text{fcr}} = \begin{cases} 1 - 1/F_0 & F_0 \geqslant 1 \\ 0 & 0 < F_0 < 1 \end{cases} \quad (10\text{-}8)$$

绘制其关系曲线如图 10-2 所示，由此可得安全系数和破坏概率联合判别边坡稳定的二元指标分区，通过式（10-8）计算的失效概率与临界破坏概率进行对比，判别边坡的稳定程度。

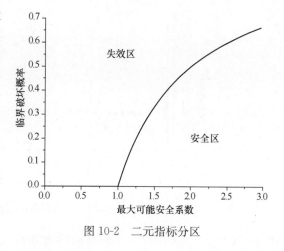

图 10-2　二元指标分区

10.2　二元评价分析在 GeoStudio 中的实现

GeoStudio 软件是由加拿大 GEO-SLOPE 国际有限公司开发的，是一套专业、高效而且功能强大的适用于岩土工程和岩土环境模拟计算的仿真分析、设计软件，包含 SLOPE/W、SEEP/W、SIGMA/W 等多个模块。其中 SLOPE/W 是以极限平衡法为计算原理，专门用来进行边坡稳定分析的，它嵌套了 Ordinary、Bishop、Janbu、Morgenstern-Price、Spence 和 GLE 等分析方法。下面说明边坡稳定二元评价分析在 GeoStudio 中实现的几个关键问题。

10.2.1　蒙特卡罗试验次数的确定

边坡稳定概率分析是通过多次的蒙特卡罗试验进行的，理论上，试验次数越多，将会得到越精确的结果。试验的次数取决于期望的失效概率及其变异系数，可用下式来计算：

$$N_{\text{mc}} \geqslant \frac{1 - p_{\text{f}}}{p_{\text{f}} \times COV_{\text{Pf}}^2} \quad (10\text{-}9)$$

式中　N_{mc}——蒙特卡罗试验次数；

　　　p_{f}——失效概率

　COV_{Pf}——失效概率的变异系数。

试验次数随着失效概率及其变异系数的下降而增加，理论上，如果可信度是 100%（即失效概率为 0），需要的试验次数将是无穷的。

为了确定适宜的模拟次数，试算 2 个变量下不同模拟次数的可靠指标，绘制可靠指标与模拟次数关系图，如图 10-30 所示。由图 10-3 可知，当模拟次数 $n > 30000$ 次时，对可靠指标的影响已经不明显，曲线波动幅度变化极小。为了使计算结果具有足够的精度，本算例模拟次数取 50000 次。

10.2.2　相关变量的处理

土石边坡可靠性影响因素较多，黏聚力 c 和内摩擦角 φ 是其中两个主要的因素。c 和 φ 具有明显的不确定性和相关性。参数不确定性主要源自岩土体本身在生成环境、矿物成分、颗粒组成及应力历史等因素的可变性。大量土体室内试验表明，土性指标与其所处的空间位置有关，即土层中任意两点的同一参数指标（如相邻土体 c 与 c、φ 与 φ 之间）存

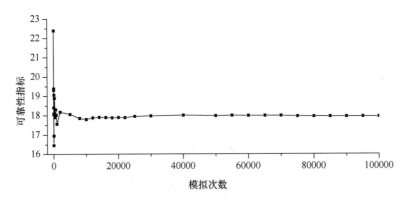

图 10-3　可靠指标与模拟次数的关系

在自相关性，土层中同一点的不同参数指标（如同一土体的 c 和 φ 之间）存在负相关性[172]，且负相关的相关系数范围在 $-0.72\sim0.35$ 之间[171]。利用 GeoStudio 软件进行边坡可靠度分析时可以考虑 c 和 φ 之间的相关性和空间变异性，其中，相关性通过设置相关系数来考虑，空间变异性则通过设置抽样距离来计及[171]。

10.3　算例分析

10.3.1　工程概况

计算实例边坡位于某高速江西境内赣州段，根据野外地质调查及工程地质钻探资料和区域地质资料分析，该边坡主要为花岗岩残坡积土，多数全（强）风化，少量中风化，呈砂土状，在地表水作用下，边坡极易失稳。

路线带所经过地区属亚热带季风气候区，气候温暖、湿润，雨量充沛。多年平均降雨量为 1510.8mm，年最高降雨量 2595.5mm，年最低降雨量 938.5mm，每年 3～6 月为雨季，降雨量 56.4% 左右。

边坡共分为 4 阶，每一阶坡度高 8m，前两阶坡度为 1∶1，后两阶坡度为 1∶1.25，有限元渗流模型如图 10-4 所示，为模拟降雨时表层强烈的边界变化，表层 0.5m 厚度采用 GeoStudio 表层单元技术进行加密，模型共计 5143 个单元和 5218 个节点。

10.3.2　边界条件

（1）左右两侧边界左侧为分水岭，设为零流量边界；右侧设为远场边界，左右边界远离边坡，对边坡影响较小。

（2）上部边界当孔隙水压力小于 0 时为第二类边界条件，又称为 Newman 类型边界条件，即流量边界；反之为第一类边界条件，又称为 Dirichiet 边界条件，即水头边界。

（3）模型底面假设为不透水边界。

（4）降雨共 10d，降雨工况如图 10-5 所示，其中第 3～8d 雨强最大，为 20.8mm/h，第 8d 过后停雨。斜坡处的降雨强度考虑了坡度折减（取垂直坡面分量），坡面不产生积水。

（5）考虑该地区年均降雨及降雨分布情况，取 0.3mm/h 流量的稳态渗流分析结果作为后续降雨工况的初始状态。

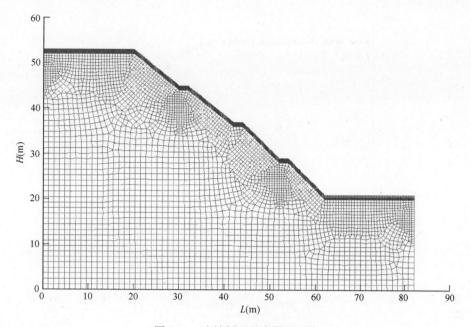

图 10-4　边坡剖面及有限元网格

10.3.3　材料参数

边坡岩土体为全风化花岗岩，等效为各向同性连续介质。根据钻孔资料和室内试验资料，饱和渗透系数取 2.1×10^{-4} cm/s，饱和含水量取 0.375，残余含水量取 0.119，重度取 19.2kN/m³，黏聚力 c 和内摩擦角 φ 为正态分布的随机变量，分布曲线如图 10-6、10-7 所示，考虑黏聚力及摩擦角的相关系数为 -0.5，抽样距离为 8m。采用摩尔-库伦本构模型，土水特征曲线及渗透系数曲线根据 Fredlund 模型[171]由饱和渗透系数、饱和含水量、残余含水量及土性（黏土）等参数模拟得到（图 10-8、10-9）。

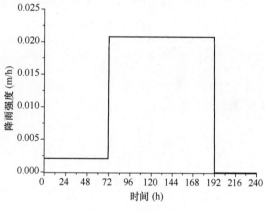

图 10-5　降雨工况

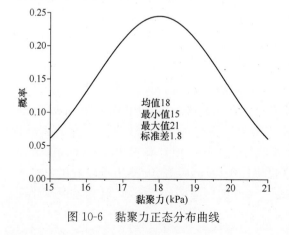

图 10-6　黏聚力正态分布曲线

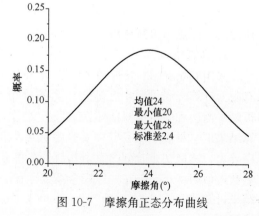

图 10-7　摩擦角正态分布曲线

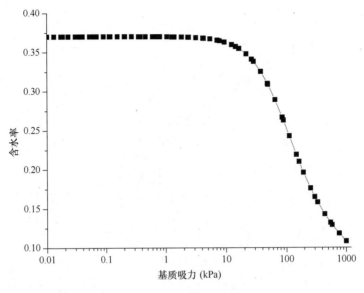

图 10-8　土水特征曲线

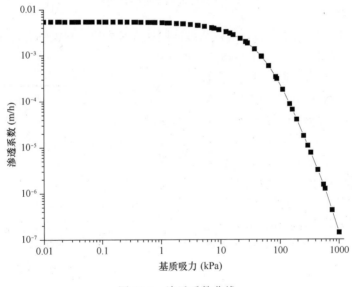

图 10-9　渗透系数曲线

10.3.4　计算结果及分析

1. 计算结果

采用 GeoStudio 软件的 SEEP/W 模块和 SLOPE/W 模块进行耦合计算，先通过渗流有限元计算降雨过程中孔隙水压力的分布及变化，在此基础上，采用 Morgenstern-Price 极限平衡法和蒙特卡罗抽样，结合上文二元评价体系，进行边坡稳定可靠性分析。模型计算结果汇总见表 10-1，其中安全系数可靠值和临界失效概率由计算得出，其余数据由程序导出。选取初始时刻的安全系数分布直方图（图 10-10），从图 10-10 中可以看出，安全系数近似服从正态分布，且安全系数存在一个大于 0 的区间 [1.180，1.323]，根据计算结果可知此时 $P_f = 0$。

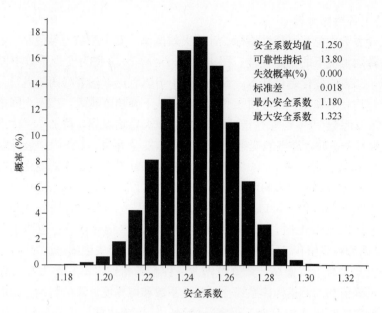

图 10-10 安全系数分布直方图

边坡可靠度分析结果汇总 表 10-1

时间 （h）	安全系数 中值	安全系数 最小值	安全系数 最大值	可靠性 指标	计算 失效概率	安全系数 可靠值	临界 失效概率
0	1.250	1.180	1.323	13.801	0	1.250	0.200
12	1.246	1.175	1.323	13.522	0	1.246	0.198
24	1.241	1.175	1.314	13.578	0	1.241	0.194
36	1.238	1.171	1.312	13.347	0	1.238	0.192
48	1.235	1.169	1.307	13.311	0	1.235	0.190
60	1.232	1.165	1.304	13.073	0	1.232	0.188
72	1.224	1.156	1.292	13.351	0	1.224	0.183
84	1.200	1.137	1.269	11.951	0	1.200	0.167
96	1.184	1.123	1.249	11.400	0	1.184	0.155
108	1.166	1.104	1.233	10.311	0	1.166	0.142
120	1.150	1.088	1.217	9.397	0	1.150	0.130
132	1.125	1.072	1.186	8.913	0	1.125	0.111
144	1.088	1.038	1.142	6.729	0	1.088	0.081
156	1.056	1.009	1.106	4.517	0	1.056	0.053
168	1.026	0.980	1.073	2.201	0.012	1.013	0.013
180	1.002	0.958	1.048	0.182	0.429	0.572	0.000
192	0.988	0.945	1.032	−1.120	0.866	0.132	0.000
204	1.005	0.960	1.052	0.393	0.350	0.653	0.000
216	1.012	0.968	1.059	1.003	0.160	0.849	0.000
228	1.022	0.976	1.073	1.795	0.035	0.986	0.000
240	1.034	0.982	1.091	2.478	0.006	1.028	0.027

2. 边坡稳定各指标分析

分别以安全系数中值、可靠性指标、计算失效概率、安全系数可靠值和二元指标分区来分析该边坡在降雨工况下的稳定性能。图 10-11、图 10-12 分别为安全系数中值和可靠性指标的变化曲线，二者的变化趋势基本一致。从图中可以看出，随着降雨的进行，安全系数中值和可靠性指标均逐渐降低，且降雨强度越大，曲线下降幅度越大，当停止降雨后，曲线有所回升。若取安全系数＝1（可靠性指标＝0）为边坡失稳临界点，可知 T＝192h 时，边坡失稳。图 10-13 为安全系数可靠值的变化曲线，同样取安全系数＝1 作为边坡失稳临界点，可知 T＝180h 时，边坡失稳。图 10-14 为计算失效概率和临界失效概率的变化曲线，若单独考虑计算失效概率，难以判断边坡何时最有可能失稳，若以二元指标体系进行分析，即当计算失效概率＞临界失效概率时，可以认为边坡失稳，即 T＝180h 时，边坡失稳。另外，单从数据上分析，T＝204～228h 时，从安全系数中值和可靠性指标来看，边坡稳定（大于临界值），可从安全系数可靠值和二元指标分区来分析，边坡处于失稳状态。

可见边坡安全系数中值偏高，其值可作为一种参考指标，不宜作为边坡稳定的评价标准。安全系数可靠值和二元指标体系综合了安全系数和可靠度计算的特性，同时在考虑边坡材料参数统计特性的时候更加符合工程实际情况，对传统边坡稳定性分析方法进行有效改进，所得结果更真实可信。

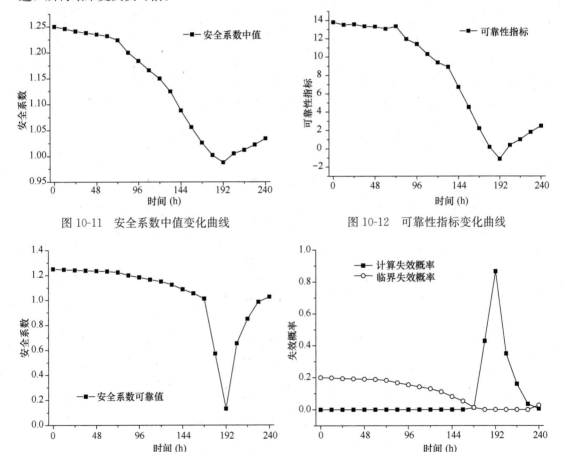

图 10-11　安全系数中值变化曲线　　　　　图 10-12　可靠性指标变化曲线

图 10-13　安全系数可靠值变化曲线　　　　图 10-14　两种失效概率的比较

10.4 本章小结

（1）考虑边坡材料指标具有区间分布及稳定边坡的安全系数不能小于其临界值的特点，依据可靠性理论，对纯数学理论模型进行修正，建立边坡稳定随机二元评价体系，有效地避免了安全系数出现负值和无穷的情况，与传统的边坡稳定性分析方法相比，构建的边坡稳定二元评价体系分析方法意义明确，更加符合实际工程，操作性更强。

（2）选取蒙特卡罗模拟法，在此二元评价体系理论的基础上，借助 GeoStudio 软件强大的计算能力，形成一套完整的边坡稳定可靠性分析方法。通过实际工程算例表明，该方法能够准确而高效地进行边坡稳定可靠度分析，尤其对于各种复杂条件（如降雨、地震、蒸发蒸腾）下的边坡稳定可靠度分析具有更大的优越性。

（3）从边坡稳定各指标对比分析来看，边坡安全系数中值偏高，其值可作为一种参考指标，不宜作为边坡稳定的评价标准。安全系数可靠值和二元指标体系综合了安全系数和可靠度计算的特性，在考虑边坡材料参数统计特性的时候更加符合工程实际情况，所得结果更真实可信。

（4）GeoStudio 软件本身在安全系数和失效概率计算方面存在一定的局限性，如随机变量的选取有限制（只能选取重度 γ、黏聚力 c 和内摩擦角 φ），因而限制了该边坡稳定二元指标分析方法的应用范围，可在以后研究中加以改进。

第11章 结语与展望

本书以某高速公路江西境内赣州段高边坡为工程背景，在对现有生态防护理论及应用的相关资料研究的基础上，选取典型地质条件，采用多种研究方法和手段，系统地研究边坡生态防护的力学效应、水文效应、稳定性影响因素以及稳定性分析方法，评价工程防护和生态防护方式的经济效益和安全性。所得的主要结论包括：

（1）根据根系土的抗剪强度试验，"根系土"服从摩尔—库伦强度破坏准则，黏聚力 c 与含根量 G 和含水率 ω 分别存在线性关系，根系加筋效应公式为：$\tau_f = c + \sigma\tan\varphi = (c + m + nG) + \sigma\tan\varphi$。根系不同布置形式对提高复合土体强度贡献大小有所不同，由大到小排序依次为：混合根系＞倾斜根系＞竖直根系＞水平根系＞素土。植被根系虽然对根系土的抗剪强度指标值有一定的提高作用，但由于先锋植物的根系深度有限，因此，总体来说，植被根系对边坡的力学加固作用有限。

（2）根据根系土的室内渗透试验，添加植物根系能够增加土壤的孔隙度，提高土体的通透性，显著改善土壤的渗透性；增大根系的含量，能够提高土壤的孔隙度，从而增大土体的渗透系数。当含根量较低时随着含根量的增加渗透系数增加，当含根量达到 0.25％ 时到达峰值，随后渗透系数随着含根量的增加而减小；不同的根系分布形式对增大土体渗透性的贡献大小不同，其顺序依次为：竖直根系＞倾斜根系＞混合根系＞水平根系＞素土。

（3）根据生态边坡降雨入渗室内模型试验，湿润锋深度随着降雨时间的持续而不断增加，但随时间的不断持续，入渗率也会持续减小，直至趋于稳定；降雨湿润锋深度最大处均为坡肩测点位置处，湿润锋深度最小位置为坡趾位置处，其余坡中、坡顶等测点位置处的湿润锋深度随各测点位置的不同以及各组试验工况条件的变化而呈现各不相同的规律；降雨强度越大边坡上各测点的湿润锋入渗深度越大；生态植被边坡在坡顶、坡底等平缓位置处的湿润锋深度要大于裸坡此处的湿润锋深度值，而在坡中位置则呈现出相反的规律变化；湿润锋锋面与边坡坡面并非相互平行的平行线而是具有一定夹角的，在坡趾—坡中—坡肩位置的湿润锋锋面与坡面线连成的形状可以简化地看成为梯形。

（4）边坡浅层失稳主要是因为薄弱面的存在，现有生态护坡的无限坡模型计算公式没有区分考虑植物根系是否深入滑裂面，计算结果偏大。本书分情况推导了生态边坡浅层稳定计算公式，公式能处理根系是否深入滑裂面及考虑降雨的影响，结果表明，当植物根系未穿过潜在滑裂面时，植物根系对边坡浅层稳定性不起作用；当植物根系穿过潜在滑裂面时，植物根系的加筋作用能够显著提高边坡安全系数；在相同条件下，坡度越小边坡的稳定性越高，坡度越大越较容易失稳，在影响边坡稳定性的因素中坡度因素权重较大。

（5）对于具有较宽坡顶平台的边坡，若取湿润锋面为潜在浅层滑裂面，则无限坡模型不再适用。推导了该情况边坡浅层稳定性计算的梯形公式，计算表明，梯形公式计算结果比无限坡公式计算结果小，且有时在无限坡公式计算结果为安全的情况下，梯形公式计算结果显示边坡会产生浅层滑坡破坏。可见，对于具有较宽坡顶平台的边坡，尤其应做好坡顶的排水措施，减少雨水的入渗和浅层滑塌的发生。

（6）综合考虑植物力学、水文效应时，在力学效应方面，主要考虑植物根系的加筋作用，在水文效应方面，主要考虑植物茎叶的截留作用对边坡稳定性的影响，两者都将对边坡稳定性起着有利作用。对比分析对边坡稳定性影响时，其安全系数大小关系为：综合考虑加筋和截留＞只考虑加筋＞只考虑截留。

（7）降雨对地下水位及入渗深度的影响程度随着土体亲水性能的增加而增加，地下水位的影响是从边坡的坡脚处开始的，即降雨会在边坡坡脚大量积聚，使土体的抗剪强度大幅度降低，从而有出现"小幅"滑动而产生局部失稳的可能。

（8）土水特征曲线对降雨条件下饱和—非饱和土质边坡渗流场和安全系数计算结果影响较大；在计算降雨对饱和—非饱和土质边坡的渗流场及稳定性时，应该注意考虑土水特征曲线的影响。

（9）降雨入渗和蒸发蒸腾是坡面水分补给的两个相反的过程，在一定的时间范围内，这两种过程同时对坡体水分状况产生作用。降雨使得坡体侵润线抬升，土壤基质吸力下降，蒸发蒸腾则使得坡体侵润线下降，土壤基质吸力上升，且侵润线升降变化最大的地方在边坡的坡脚处，降雨强度越大，这种影响越剧烈。当边坡有植被防护后，植被截留和蒸腾作用会延缓基质吸力的下降，这种延缓作用在降雨强度不大的时候表现得更为明显。

（10）植物蒸腾作用对不同坡度边坡的安全系数均有一定的提高，在强降雨条件下，不同边坡安全系数提高率相差不大，在 5% 左右；当降雨强度不大的时候，安全系数的提高随着边坡坡度的减小而增大，最大达 9.8%。由此可见，在评价边坡稳定性受气候和植被影响时，坡面蒸发、植被截留和蒸腾作用是一个不可忽视的重要因素。

（11）植被生长情况对于短时间暴雨侵袭作用的抵抗是有限的；当雨量不太大的时候，植被的生长情况对边坡的安全系数具有较大的影响。

（12）土性参数空间变化性对边坡稳定可靠性具有较大的影响，随着抽样距离的增加，可靠性指标总体趋势是下降的，一开始急剧下降，随后下降趋势变缓，最后趋于一个定值。正确认识和模拟空间变化性是正确采用可靠度计算边坡稳定性的前提。

（13）强度参数 c 和 φ 的均值不定性、变异性和相关性对边坡稳定可靠性均具有一定的影响，其中，φ 的影响更加显著。可靠性指标随 c 或 φ 均值的增大而增加；失效概率随 c 和 φ 的变异系数的增大而增大，可靠性指标随 c 和 φ 的变异系数的增大而减小，参数变异性对边坡稳定不利；当 c 和 φ 的相关系数为 0 时，边坡的失效概率最大而可靠性指标最小，随着相关系数绝对值的增大，失效概率逐渐变小而可靠性指标逐渐变大，且相关系数为负数时变化更剧烈，参数相关性对边坡稳定有利。

（14）考虑参数区间性后，各组曲线的变化趋势大致不变，但是计算的失效概率明显小于不考虑区间时的结果，而可靠性指标明显大于不考虑区间时的结果，即考虑区间性的结果要趋于安全，对边坡稳定有利。

（15）安全系数受强度参数均值的影响较大，而对参数的空间变化性、区间性、变异性和相关性均不敏感，由此可见，作为定值法的安全系数不能反映边坡稳定可靠性的情况。

（16）准确而全面地考虑土质参数的统计特性，尤其是在参数变异性和相关性的基础上考虑土性参数空间变化性和区间性会更加符合工程实际,计算结果趋于安全,将有利于地基可靠度规范的制定和推广运用,有利于更科学合理地评价边坡工程的安全。

(17)综合考虑边坡的安全系数与可靠度,建立安全系数与可靠性相耦合的二元评价体系具有重要的理论意义和工程实践价值,本书建立了一种更加贴合实际的边坡稳定随机二元评价体系,借助 GeoStudio 软件强大的计算能力,形成一套完整的边坡稳定可靠性分析方法。计算表明,该方法能够准确而高效地进行边坡稳定可靠度分析,尤其对于各种复杂条件(如降雨、地震、蒸发蒸腾)下的边坡稳定可靠度分析具有更大的优越性。

目前,我国对于高速公路生态边坡工程还没有规范的设计模式和成功的经验,更没有技术规范可以遵循。当前生态护坡技术主要集中在力学加固、水土保持和施工技术等方面的研究,而护坡机理、坡面防护材料成型机制、生态防护稳定性影响因素以及其影响因素值的变化趋势对边坡影响的研究并不多,生态护坡理论远比其实践应用落后,限制了生态护坡技术在工程中的推广。今后,可以从以下几个方面做进一步的研究:

(1)根系在土壤中不断新陈代谢的过程,可以优化土壤的物理特性,同样能够增强土体强度。因此,可进一步研究根系的生化作用对根—土复合体抗剪强度的影响。

(2)根系在土壤中分布差异很大,与土之间的相互作用也很复杂,尽管一些学者研究了根系土的本构关系,但尚未建立相对统一的适合各种工况的本构模型。对于根系土本构关系模型,在今后还有大量的研究工作有待实现。

(3)不同植被类型的加固效果也不尽相同,且草本植物受到根系长度、根系强度和生长范围的限制,其加固效果一般低于木本植物,因此对不同植被类型及灌木与草本植物混合播种对边坡的加固效果及其量化分析可做进一步研究。

(4)不论是从力学效应的抗剪强度还是水文效应的截留、入渗,室内试验所采用的扰动土都不能完全反映野外现场的实际情况,原位测定土体的抗剪强度、渗透系数、截留量和抗侵蚀能力,有利于植被护坡理论的进一步研究,为边坡设计参数取值提供借鉴依据。

(5)植被护坡对边坡的影响因素有很多,如何更好地满足实际情况、更准确地进行定量分析,还需要进一步的研究。

参 考 文 献

[1] 姚爱军，薛延河．复杂边坡稳定性评价方法与工程实践[M]．北京：科学出版社，2008．

[2] 杨航宇等．公路边坡防护与治理[M]．北京：人民交通出版社，1999．

[3] 周德培，张俊云．植被防护工程技术[M]．北京：人民交通出版社，2003．

[4] 王可钧，李焯芬．植物固坡的力学简析[J]．岩石力学与工程学报，1998，17(6)：687-691．

[5] 刘世奇，陈静曦，王吉利．植物护坡技术浅析[J]．土工基础，2003，3．

[6] 陈济丁．公路绿化综述[J]．交通环保，2002，9：12-13．

[7] 陈向波．高速公路边坡生态防护技术及其应用研究[D]．武汉理工大学，2005，3．

[8] 陈昌富，刘怀星，李亚平．草根加筋土的室内三轴试验研究[J]．岩土力学，2007，28(10)：2041-2045．

[9] 程洪，颜传盛，李建庆等．草本植物根系网的固土机制模式与力学试验研究[J]．水土保持研究，2006，13(1)：62-65．

[10] 陈昌富，刘怀星，李亚平．草根加筋土的护坡机制及强度准则试验研究[J]．中南公路工程，2006，31(2)：14-17．

[11] 张谢东，石明强，沈雪香等．高速公路生态防护根系固坡的力学试验研究[J]．武汉理工大学学报（交通科学与工程版），2008，32(1)：59-61．

[12] 解明曙．乔灌木根系固坡力学强度的有效范围与最佳构组方式[J]．水土保持学报，1990，4(1)：17-24．

[13] 周跃，张军，林锦屏等．西南地区松属侧根的强度特征对其防护林固土护坡作用的影响[J]．生态学杂志，2002，21(6)：1-4．

[14] 卓丽，苏德荣，刘自学．结缕草枯草层对降水的截留特性研究[J]．北方园艺，2008 (7)：67-69．

[15] 高人，周广柱．辽宁东部山区几种主要森林植被类型的蒸腾作用[J]．辽宁农业科学，2001(6)：5-8．

[16] 芮孝芳．水文学原理[M]．北京：中国水利水电出版社，2004．

[17] 范世香，高雁，程银才等．林冠对降雨截留能力的研究[J]．地理科学，2007，27(2)：200-204．

[18] 王爱娟，章文波．林冠截留降雨研究综述[J]．水土保持研究，2009，16(4)：55-59．

[19] Bourlier C, Berginc G and Saillard J. Theoretical Study on Two-Dimensional Gaussian Rough Sea Surface Emission and Reflection in the Infrared Frequencies With Shadowing Effect [J]. IEEE Transactions on Geoscience and Remote Sensing, 2001, 39(2): 379-392.

[20] 张永兴，王桂林，杜太亮．边坡立体绿化工程的稳定性[J]．山地学报，2002，(20)4：489-492．

[21] Harker D. H. ed. Vegetation and Slopes Stabilisation, Protection and Ecology-Proceedings of the International Conference[C]. 1999, 29-30.

[22] 杨亚川，莫永京，王芝芳等．土壤-草本植被根系复合体抗水蚀强度与抗剪强度的试验研究[J]．中国农业大学学报，1996，2：31-38．

[23] Norris J. E. Root Reinforcement by Hawthorn and Oak Roots on A Highway Cut-Slope in Southern England [J]. Plant and Soil, 2005, 278: 43-53.

[24] Hamza O, Bengough A. G, Bransby M. F. etc. Mechanics of Root Pullout from Soil: A Novel Image and Stress Analysis Procedure [J]. Eco-and Ground Bio-Engineering: The Use of Vegetation to Im-

prove Slope Stability Developments in Plant and Soil Sciences，2007，103：213-221.

[25]　Schwarz M，Cohen D，D Or. Soil-root Mechanical Interactions During Pullout and Failure of Root Bundles[J]. Journal of Geophysical Research：Earth Surface，2010，115：F04035.

[26]　Schwarz M，Cohen D，D Or. Pullout Tests of Root Analogs and Natural Root Bundles in Soil：Experiments and Modeling [J]. Journal of Geophysical Research：Earth Surface，2011，116：F02007.

[27]　刘国斌，蒋定生，朱显谟等. 黄土区草地根系生物力学特性研究[J]. 土壤侵蚀与水土保持学报，1996，2(3)：21-28.

[28]　程洪，张新全. 草本植物根系网固土原理的力学试验探究[J]. 水土保持通报，2002，5：20-23.

[29]　李成凯. 青藏高原黄土区四种草本植物单根抗拉特性研究[J]. 中国水土保持，2008，5：33-36.

[30]　Wu T. H. Investigation of Landslides on Prince of Wales Island，Alaska，Geotechnical Engr. Report No 5，Dept. of Civil Engr [M]. Columbus：Ohio State University，1976：94.

[31]　Waldron L　J. The Shear Resistance of Root-Permeated Homogeneous and Stratified Soil [J]. Soil Science Society of America Journal，1977，41(5)：843-849.

[32]　Pollen N，Simon A，Collison A. Advances in Assessing the Mechanical and Hydrologic Effects of Riparian Vegetation on Streambank Stability[M]//Bennett S，Simon A. Riparian Vegetation and Fluvial Geomorphol. Water Science and Application Ser，Vol. 8. AGl，Washington，DC，2004：125-139.

[33]　Pollen N，Simon A. Estimating the Mechanical Effects Vegetation on Stream Bank Stability Using a Fiber Bundle of Riparian Model [J]. Water Resources Research，2005，41：W07025.

[34]　俞晓丽，吴能森，谢成新等. 根土复合体应力应变特性的试验研究[J]. 河南城建学院学报，2010，19(6)：1-6.

[35]　刘怀星. 植被护坡加固机理试验研究[D]. 湖南大学，2006.

[36]　杨璞，向志海，胡夏嵩等. 根对土壤加强作用的研究[J]. 清华大学学报(自然科学版)，2009，49(2)：305-308.

[37]　余芹芹，乔娜，卢海静等. 植物根系对土体加筋效应研究[J]. 岩石力学与工程学报，2012，31(S1)：3216-3223.

[38]　周政. 生态护坡中植物根系对边坡稳定性的影响研究[D]. 湖北工业大学，2011.

[39]　胡其志，周政，肖本林等. 生态护坡中土壤含根量与抗剪强度关系试验研究[J]. 土工基础，2010，24(5)：85-87.

[40]　刘纪峰，卢明师. 含水率对边坡土性及其稳定性的影响[J]. 河南科技大学学报(自然科学版)，2010，31(3)：63-66.

[41]　胡文利，李为萍，陈军. 不同含水率水平下根-土复合体抗剪强度试验研究[J]. 内蒙古农业大学学报，2011，32(1)：215-219.

[42]　江锋，张俊云. 植物根系与边坡土体间的力学特性研究[J]. 地质灾害与环境保护，2008，19(1)：57-61.

[43]　邓卫东，周群华，严秋荣. 植物根系固坡作用的试验与计算[J]. 中国公路学报，2007，20(5)：7-12.

[44]　石明强. 高速公路边坡生态防护与植物固坡的力学分析[D]. 武汉理工大学，2007.

[45]　夏振尧，周正军，黄晓乐等. 植被护坡根系浅层固土与分形特征关系初步研究[J]. 岩石力学与工程学报，2011，30(S2)：3641-3647.

[46]　黄晓乐，周正军，许文年. 植被混凝土基材2种草本植物根-土复合体抗剪强度与根系分形特征研究[J]. 三峡大学学报(自然科学版)，2012，34(2)：59-62.

[47]　刘川顺，郑勇，关洪林等. 灌木对黄土边坡的加固效应[J]. 武汉大学学报(工学版)，2010，43

（1）：55-58.

[48] 仪垂祥，刘开瑜，周涛．植被截留降水量公式的建立[J]．土壤侵蚀与水土保持学报，1996，2（2）：47-49.

[49] 赵鸿燕，吴钦孝，刘国彬．黄土高原森林植被水土保持机理研究[J]．林业科学，2001，37（5）：140-144.

[50] 卢洪健，李金涛，刘文杰．西双版纳橡胶林枯落物的持水性能与截留特征[J]．南京林业大学学报（自然科学版），2011，35（4）：67-73.

[51] 薛建辉，郝奇林，吴永波等．3种亚高山森林群落林冠截留量及穿透雨量与降雨量的关系[J]．南京林业大学学报（自然科学版），2008，32（3）：9-13.

[52] 房淑琴，代全厚．水土保持与植被[J]．吉林水利，2001，7：24-26.

[53] 卓丽，苏德荣，刘自学等．草坪型结缕草冠层截留性能试验研究[J]．生态学报，2009，29（2）：669-675.

[54] 于璐，苏德荣，刘艺杉．3种草坪草叶片的水分吸收特性研究[J]．北京林业大学学报，2013，5（3）：97-101.

[55] 侍倩，刘文娟，王敏强等．植被对坡面防护作用的机理分析及定量估算[J]．水土保持研究，2004，11（3）：126-129.

[56] 刘窑军，王天巍，李朝霞等．不同植被防护措施对三峡库区土质道路边坡侵蚀的影响[J]．应用生态学报，2012，23（4）：896-902.

[57] 田国行，杨春，杨晓明等．路基边坡草灌植被消减降雨侵蚀定量分析[J]．中国农业大学学报，2010，15（2）：24-29.

[58] 殷晖，关文彬，薛肖肖等．贡嘎山暗针叶林林冠对降雨能量再分配的影响研究[J]．北京林业大学学报，2010，32（2）：1-5.

[59] 朱显谟．黄土地区植被因素对于水土流失的影响[J]．土壤学报，1960，8（2）：110-120.

[60] 吴钦孝，李勇．黄土高原植物根系提高土壤抗冲性能的研究[J]．水土保持学报，1990，4（1）：11-16.

[61] 曾信波．贵州紫色土上植物根系提高土壤抗冲性能的研究[J]．贵州农学院学报，1995，14（2）：20-24.

[62] 卓慕宁，李定强，郑煜基．高速公路生态护坡技术的水土保持效应研究[J]．水土保持学报，2006，20（1）：164-167.

[63] 李勇，朱显谟．植物根系与土壤抗冲性[J]．水土保持学报，1993，7（3）：11-18.

[64] 李勇．黄土高原植物根系与土壤抗冲性[M]．北京：科学出版社，1995.

[65] 吴彦，刘世全，王金锡．植物根系对土壤抗侵蚀能力的影响[J]．应用与环境生物学报，1997，3（2）：119-124.

[66] 吴彦，刘世权，付秀琴等．植物根系提高土壤水稳性团粒含量的研究[J]．土壤侵蚀与水土保持学报，1997，3（1）：45-49.

[67] 李雄威，孔令伟，郭爱国．植被作用下膨胀土渗透和力学特性及堑坡防护机制[J]．岩土力学，2013，34（1）：85-92.

[68] 罗阳明，雷承弟，周德培等．SNS主动防护条件下边坡绿化及稳定性探讨[J]．岩石力学与工程学报，2006，25（2）：235-240.

[69] Smith G. N. Elements of Soil Mechanics for Civil and Mining Engineers [J]. Crosby Lockwood Staples, London. 1974：126-144.

[70] 胡利文，陈汉宁．锚固三维网生态防护理论及其在边坡工程中的应用[J]．水运工程，2003，4：13-15.

参 考 文 献

[71] 徐光明，邹广电，王年香．倾斜基岩上的边坡破坏模式和稳定性分析[J]．岩土力学，2004，25 (5)：703-708.

[72] 王亮，谢健，朱伟．平行于水平面表面渗流对生态边坡中客土稳定性影响研究[J]．岩土力学，2009，30(8)：2271-2275.

[73] 杨俊杰，王亮，郑建国等．生态边坡客土稳定性研究[J]．岩石力学与工程学报，2006，25(2)：414-422.

[74] 徐中华，钭逢光，陈锦剑等．活树桩固坡对边坡稳定性影响的数值分析[J]．岩土力学，2004，25 (增)：275-279.

[75] 姜志强，孙树林，程龙飞．根系固土作用及植物护坡稳定性分析[J]．勘察科学技术，2005，4：12-14.

[76] 封金财．植物根系对边坡的加固作用模拟分析[J]．江苏工业学院学报，2005，17(3)：27-29.

[77] 付海峰，姜志强，张书丰．植物根系固坡效应模拟及稳定性数值分析[J]．水土保持通报，2007，27(1)：92-94.

[78] 及金楠，张志强，Fourcaud Thierry 等．鲱骨状根构型对典型土体抗倾覆力的有限元分析[J]．中国水土保持科学，2007，5(3)：14-18.

[79] 周群华，邓卫东．植物根系固坡的有限元数值模拟分析[J]．公路，2007，12：132-136.

[80] 宋维峰，陈丽华，刘秀萍．林木根系与土体相互作用的有限元数值模拟中几个关键问题的探讨 [J]．水土保持研究，2009，16(4)：6-12.

[81] 肖本林，罗寿龙，陈军等．根系生态护坡的有限元分析[J]．岩土力学，2011，32(6)：1881-1885.

[82] GREENWOOD J. R. Slip4ex：A Program for Routine Slope Stability Analysis to Include the Effects of Vegetation Reinforcement and Hydrological Changes[J]. Geotechnical and Geolengical Engineering，2006，24：449-465.

[83] 焦月红，姜志强．蒸发蒸腾作用对边坡长期稳定性影响研究[J]．勘察科学技术，2009，5：3-8.

[84] 赵华．边坡生态护坡结构稳定性分析及地基土的适宜性评价[J]．地质灾害与环境保护，2003，14 (4)：47-50.

[85] 张季如，朱瑞赓，祝文化．边坡侵蚀防护种植基的微观结构研究[J]．水土保持学报，2002，16 (4)：159-162.

[86] 张季如，朱瑞赓，夏银飞等．ZZLS绿色生态护坡材料的强度试验研究[J]．岩石力学与工程学报，2003，22(9)：1533-1537.

[87] 阳友奎．边坡柔性加固系统设计计算原理与方法[J]．岩石力学与工程学报，2006，25(2)：217-225.

[88] 姜志强，孙树林．堤防工程生态固坡浅析[J]．岩石力学与工程学报，2004，23(12)：2133-2136.

[89] Gray D H, Al-Refeai T. Behavior of Fabric Versus Fiber-Reinforced Sand[J]. J Geotech Engrg, 1986，112(8)：804-820.

[90] 周德培，张俊云．植被护坡工程技术[M]．北京：人民交通出版社，2003.

[91] 胡洲，杜宇飞，李锦华．全风化花岗岩边坡破坏的判断[J]．华东交通大学学报，2006，23(5)：12-15.

[92] JTJ 051—93公路土工试验规程[G]．北京：人民交通出版社，1993.

[93] Endo T. ，Tsuruta T. The Effect of Tree Roots upon the Shearing Strength of Soil[A]. Annual Report of the Hokkaido Branch [C]. Tokyo：Japan Tokyo Forest Experiment Station，1969，18：168-179.

[94] 张金香，钱金娥．太行山草被水土保持功能的研究[J]．河北林学院学报，1996，11(2)：120-124.

[95] 代会平，向佐湘，郭君等．紫穗狼尾草和狗牙根茎叶水文生态效应比较[J]．草业科学，2009，26

(2)：107-113.

[96]　张莹，毛小青，胡夏嵩等．草本与灌木植物茎叶降水截留作用研究[J]．人民黄河，2010，32(7)：95-96.

[97]　李学斌，马琳，杨新国等．荒漠草原典型植物群落枯落物生态水文功能[J]．生态环境学报，2011，20(5)：834-838.

[98]　李学斌，吴秀玲，陈林等．荒漠草原4种主要植物群落枯落物层水土保持功能[J]．水土保持学报，2012，26(4)：189-244.

[99]　Schuster R. L., Lynn M. H. Socioeconomic Impacts of Landslides in the Western Hemisphere[R]. Reston, VA, USA：United States Geological Survey, 2001.

[100]　冯俊德．路基边坡植被护坡技术综述[J]．路基工程，2001，98(5)：20-23.

[101]　孔令伟，陈正汉．特殊土与边坡技术发展综述[J]．土木工程学报，2012，45(5)：141-161.

[102]　卢坤林，朱大勇，杨扬．边坡失稳过程模型试验研究[J]．岩土力学，2012，33(3)：778-782.

[103]　姚裕春，姚令侃，袁碧玉．边坡开挖迁移式影响离心模型试验研究[J]．岩土工程学报，2006，28(1)：76-80.

[104]　李明，张嘎，胡耘等．边坡开挖破坏过程的离心模型试验研究[J]．岩土工程学报，2010，31(2)：366-370.

[105]　沈水进，孙红月，尚岳全等．降雨作用下路堤边坡的冲刷-渗透耦合分析[J]．岩石力学与工程学报，2011，30(12)：2456-2462.

[106]　裴得道，许文年，郑江英等．水库消落带植被混凝土抗侵蚀性能研究[J]．三峡大学学报(自然科学版)，2008，30(6)：45-47.

[107]　杨晓华，晏长根，谢永利．黄土路堤土工格室护坡冲刷模型试验研究[J]．公路交通科技，2004，21(9)：21-24.

[108]　汪益敏，李庆臻，张丽娟．高速公路路基边坡客土喷播防护冲刷试验[J]．路基工程，2009，6：15-17.

[109]　程晔，方靓，赵俊锋等．高速公路边坡CF网防护抗冲刷室内模型试验研究[J]．岩石力学与工程学报，2010，5(29)：2935-2942.

[110]　程日盛．边坡生态防护室内冲刷试验研究[J]．中外公路，2007，27(5)：34-36.

[111]　赵明华，蒋德松，陈昌富等．岩质边坡生态防护现场及室内抗冲刷试验研究[J]．湖南大学学报(自然科学版)，2004，31(5)：77-81.

[112]　蒋德松，陈昌富，赵明华等．岩质边坡植被抗冲刷现场试验研究[J]．中南公路工程，2004，29(1)：55-58.

[113]　张永杰，王桂尧，王玲等．路堑边坡植被防护固土效果室内外试验[J]．长沙理工大学学报(自然科学版)，2012，9(3)：9-14.

[114]　李志刚，钱七虎，陈云鹤．土工构造物边坡冲刷临界坡度的研究[J]．土木工程学报，2004，37(2)：78-81.

[115]　HKIE. Soil Nails in Loose Fill Slope-A preliminary Study[R]. Hong Kong：Geotechnical Division, Hong Kong Institution of Engineers，2003.

[116]　Wang G, Sassa K. Factors Affecting Rainfall-Induced Flowslides in Laboratory Flume Tests[J]. Géotechnique, 2001，51(7)：587-599.

[117]　Ochiai H, Okada Y, Furuya Gen, et al. A Fluidized Landslide on a Natural Slope by Artificial Rainfall[J]. Landslides, 2004，1：211-219.

[118]　Moriwaki H, Inokuchi T, Hattanji T, et al. Failure Processes in a Full-Scale Landslide Experiment Using a Rainfall Simulator[J]. Landslide, 2004，1：277-288.

参 考 文 献

[119] 巫锡勇，梁毅，李树鼎. 降雨对绿化边坡客土稳定性的影响[J]. 西南交通大学学报，2005，40（3）：322-325.

[120] 王亮，杨俊杰，刘强等. 表面渗流对生态边坡中客土稳定性影响研究[J]. 岩土力学，2008，29（6）：1440-1450.

[121] 冯宏，邓兰生，张承林，郭彦彪. 地面坡度对滴灌水分入渗过程的影响[J]. 灌溉排水学报，2010，29(2)：14-16.

[122] 吴希媛，张丽萍. 降水再分配受雨强、坡度、覆盖度影响的机理研究[J]. 水土保持学报，2006，20(4)：28-30.

[123] 黄涛，罗喜元，邬强等. 地表水入渗环境下边坡稳定性的模型试验研究[J]. 岩石力学与工程学报，2004，23(16)：2671-2675.

[124] 朱宝龙，胡厚田，陈强等. 降雨条件下固体废弃物边坡变形及破坏模式试验研究[J]. 工程地质学报，2004，12(03)：312-317.

[125] 肖成志，孙建诚，刘熙媛等. 三维土工网垫植草护坡性能试验[J]. 重庆大学学报. 2010，33(8)：1793-1799.

[126] 林鸿州，于玉贞，李广信等. 降雨特性对土质边坡失稳的影响[J]. 岩石力学与工程学报，2009，28(1)：198-204.

[127] 林鸿州，吕禾，刘邦安等. 张力计量测非饱和土吸力及工程应用展望[J]. 工程勘察，2007，(7)：7-10.

[128] 王福恒，李家春，田伟平. 黄土边坡降雨入渗规律试验[J]. 长安大学学报（自然科学版），2009，29(4)：20-24.

[129] 李焕强，孙红月，孙新民等. 降雨入渗对边坡性状影响的模型实验研究[J]. 岩土工程学报，2009，31(4)：589-594.

[130] 罗先启，刘德富，吴剑等. 雨水及库水作用下滑坡模型试验研究[J]. 岩石力学与工程学报，2005，24(14)：2476-2483.

[131] 钱纪芸，张嘎，张建民等. 降雨时黏性土边坡的离心模型试验[J]. 清华大学学报（自然科学版），2009，49(6)：813-817.

[132] 姚裕春，姚令侃，王元勋等. 水入渗条件下边坡破坏离心模型试验研究[J]. 自然灾害学报，2004，13(2)：149-154.

[133] 科迪. 降雨强度标准划分[J]. 北京水利，1995，4.

[134] Zhenjun Sun et al. Eco-restoration Engineering and Techniques of Muyu Reservoir Watershed in Shandong, China[J]. Ecological Engineering，1998.

[135] Donald H. Biotechnical Stabization of Highway Cut Slope. Jouneal of Geotechnical Engineering [J]. 1992，9：1395-1409.

[136] 刘兴旺. 降雨入渗条件下路基稳定性分析[D]. 长沙：中南大学，2006.

[137] 雷志栋，杨诗秀，谢森传. 土体水动力学[M]. 北京：清华大学出版社，1988.

[138] Carsel, R. F., R S Parrish. Developing Joint Probability Distributions of Soil Water Retention Characteristics[J]. Water Resource. Res. 1988，24：755-769.

[139] 戚国庆. 降雨诱发滑坡机理及其评价方法研究[D]. 成都理工大学博士论文，2004.

[140] 吴发启，范文波. 土壤结皮对降雨入渗和产流产沙的影响[J]. 中国水土保持科学，2005，3(2)：97-101.

[141] 查轩，唐克丽等. 植被对土壤特性及土壤侵蚀的影响研究[J]. 水土保持学报，1992，6(2)：52-58.

[142] GREEN. W. H., AMPT. G. A. Studies on Soil Physics：Flow of Air and Water Through Soils

[J]. Journal of Agriculture Science, 1911, 4(1): 1-24.

[143] 王文焰, 汪志荣, 王全九, 张建丰. 黄土中 Green-Ampt 入渗模型的改进与验证[J]. 水利学报, 2003, (5): 30-34.

[144] 刘姗姗, 白美健, 许迪, 李益农, 胡卫东. Green-Ampt 模型参数简化及与土壤物理参数的关系[J]. 农业工程学报, 2012, 28(1): 106-110.

[145] Swartzendruber D. Derivation of a Two-Term Infiltration Equation from the Green-Ampt model [J]. Journal of Hydrology, 2000, 236(3/4): 247-251.

[146] Philip. J. R. The Theory of Infiltration: 1. The infiltration Equation and Its Solution[J]. Soil Science, 1957, 83(5): 345-357.

[147] 范文涛, 牛文全, 张振华, 甲宗霞. Philip 模型与修正的 Green-Ampt 模型互推参数的特性分析[J]. 灌溉排水学报, 2012, 31(2): 73-77.

[148] 王全九, 来剑斌, 李毅. Green-Ampt 模型与 Philip 入渗模型的对比分析[J]. 农业工程学报, 2002, 18(2): 13-26.

[149] 王红闪, 黄明斌, 董翠云. 用 Philip 模型参数推求湿润锋平均基质吸力 Sf 准确性[J]. 水土保持通报, 2004, 24(2): 41-45.

[150] Shlomo P. Neuman. Saturated-Unsaturated Seepage by Finite Element[J]. Journal of the Hydraulics Division, 1973, 99(12): 2233-2250.

[151] Fredlund D. G., Morgenstern N. R, Widger R. A. The Shear Strength of Unsaturated Soils[J]. Canadian Geotechnical Journal, 1978, 15: 3-321.

[152] Bishop A. W. The Use of the Slip Circle in the Stability Analysis of Slopes[J]. Geotechnique, 1955, 5(1): 7-17.

[153] 王亮. 生态边坡客土稳定性研究[D], 中国海洋大学, 2006.

[154] 戚国庆, 胡利文. 植被护坡机制及应用研究[J]. 岩石力学与工程学报, 2006, 25(11): 2220-2225.

[155] 李宁, 许建聪, 钦亚洲. 降雨诱发浅层滑坡的简化计算模型研究[J]. 岩土力学, 2012, 33(5): 1485-1490.

[156] 刘新喜, 夏元友, 蔡俊杰等. 降雨入渗下强风化软岩高填方路堤边坡稳定性研究[J]. 岩土力学, 2007, 28(8): 1705-1709.

[157] 许建聪, 尚岳全, 陈侃福等. 强降雨作用下的浅层滑坡稳定性分析[J]. 岩石力学与工程学报, 2005, 24(18): 3246-3251.

[158] H. Park, T. R Westb. Development of a Probabilistic Approach for Rock Wedge Failure [J]. Engineering Geology, 2001, 59(3-4): 233-251.

[159] R. Y. Lianga, O. K. Nusierb, A. H. Malkawib. A Reliability Based Approach for Evaluating the Slope Stability of Embankment Dams [J]. Engineering Geology, 1999, 54(3-4): 271-285.

[160] Duncan J M. Factor of Safety and Reliability in Geotechnical Engineering [J]. Journal of Geotechnical and Geoenvironmental Engineering, 2000, 126(4): 307-316.

[161] 罗文强, 王亮清, 龚钰. 正态分布下边坡稳定性二元指标体系研究[J]. 岩石力学与工程学报, 2005, 14(23): 2288-2292.

[162] 罗文强, 龚钰, 王亮清等. 对数正态分布下边坡稳定性二元指标体系研究[J]. 山地学报, 2005, 23(4): 442-446.

[163] 冯永, 赵文斌, 罗文强. 基于随机分析的滑坡稳定性二元评价方法[J]. 煤田地质与勘探, 2006, 36(5): 42-44.

[164] 罗文强, 张悼元, 黄润秋. 边坡系统稳定性的可靠性研究[J]. 地质科技情报, 1999, 18(2):

62-64.

[165] 尚明芳，刘小强，周世良等．一种新的边坡稳定随机评价指标[J]．水运工程，2011(8)：19-23.

[166] 刘小强，周世良，尚明芳等．基于随机二元指标的边坡稳定性分析[J]．西北地震学报，2011(S1)：99-104.

[167] 赵明华，曾昭宇，刘晓明等．考虑轴向横向荷载共同作用的基桩可靠度[J]．建筑科学与工程学报，2005，22(2)：57-60.

[168] 李志纯，朱道立．随机动态交通网络可靠度分析与评价[J]．交通运输工程学报，2008，8(1)：106-112.

[169] 阙云，凌建明，曾四平．加筋土路堤内部稳定的可靠指标分析[J]．交通运输工程学报，2006，6(3)：37-41.

[170] 赵国藩，曹居易，张宽权．工程结构可靠度[M]．北京：科学出版社，2011.

[171] [15] JohnKrahn. Stability Modeling with SLOPE/W 2007 Version, Fourth Edition：An Engineering Methodology [R]. Alberta：Geo-slope International Ltd Printed，2007.

[172] 李亮，张丙强．c、φ 相关性对边坡整体稳定性的影响[J]．铁道科学与工程学报，2004，1(1)：62-68.

[173] 邓通发，桂勇，罗嗣海等．降雨条件下花岗岩残坡积土路堑边坡稳定性研究[J]．地球科学与环境学报，2012，34(4)：88-94.